21世纪高职高专规划教材

冷冲压模具设计及典型案例

于位灵　杜继涛　杨　梅　**编著**

上海科学技术出版社

内 容 提 要

　　本教材主要内容包括冷冲压概述，冲裁、弯曲、拉深、成形等冲压工艺及其模具设计。书中重点介绍了冲裁、弯曲、拉深工艺及其模具设计的方法和案例。案例系统介绍了典型模具结构的相关知识、分析、计算、模具图等较为详尽，对读者特别是对入门者有很好的参考和借鉴作用。

　　本教材定位于职业教育，可作为高职高专院校材料成型与控制及相关专业的教材，也可作为模具制造企业的岗位技术培训教材，还可供从事模具设计与制造的工程技术人员和自学者参考。

　　本书按其主要内容编制了各章课件，在上海科学技术出版社网站"课件/配套资源"栏目公布，欢迎读者登录 www.sstp.cn 浏览、参考、下载。

图书在版编目(CIP)数据

　　冷冲压模具设计及典型案例 / 于位灵，杜继涛，杨梅编著.
—上海：上海科学技术出版社，2016.7(2023.2重印)
　　21世纪高职高专规划教材
　　ISBN 978－7－5478－3053－6

　　Ⅰ.①冷…　Ⅱ.①于…②杜…③杨…　Ⅲ.①冷冲压－冲模－设计－高等职业教育－教材　Ⅳ.①TG385.2

　　中国版本图书馆 CIP 数据核字(2016)第 092381 号

冷冲压模具设计及典型案例
于位灵　杜继涛　杨　梅　编著

上海世纪出版(集团)有限公司
上海科学技术出版社　出版、发行
(上海市闵行区号景路 159 弄 A 座 9F-10F)
邮政编码 201101　　www.sstp.cn
上海当纳利印刷有限公司印刷

开本 787×1092　1/16　印张 12
字数：260 千字
2016 年 7 月第 1 版　2023 年 2 月第 5 次印刷
ISBN 978－7－5478－3053－6/TG·88
定价：49.00 元

前 言

本教材结合高等职业教育的特点，围绕模具设计与制造专业的培养目标和基本要求，力求体现"必需够用、兼顾发展"的原则，以突显高等职业教育特色和行业教育特色。根据教育部的要求，教材编写中结合了企业对模具专业人才在冲压技术领域的知识、能力和素质的要求，以及作者多年从事模具教学和生产实践所积累的经验和体会，吸收了近年来模具设计与制造专业的教学改革和课程建设的成果。

本教材是在于位灵、崔纬强、杨梅、郑卫等人 2011 年编著的《实用冷冲模设计》教材基础上，结合近几年来的教学实践变化、课改等修订而成的。具体做了以下修订完善工作：

1. 简化理论基础知识。删去了难度较高的冲压变形理论知识，把原教材模块一和模块二进行整合。

2. 精准定位，突出应用。将原教材模块七"精密级进模的设计"删去。

3. 调整了原教材模块四和模块五的知识顺序，并增加典型案例，使之更符合学习规律。

4. 对已有典型案例进行调整，自成一节，便于读者查阅。

5. 对原教材内容中错讹、不规范之处，结合几年来的教学反馈，做了完善和优化。

本教材章节内容按照冲压工序划分，深入浅出、内容丰富，每章有理论、有分析，更有来自生产的实际案例。这些案例系统介绍了典型模具结构的相关知识，分析、计算、模具图等较为详尽，对读者特别是对入门者有很好的参考和借鉴作用。全书内容共分 5 章，第一章是冷冲压概述，为读者提供冷冲压概念、常用设备和常用材料知识。第二～第五章分别介绍冷冲压常用的工艺及模具，即冲裁、弯曲、拉深和成形模具设计，其中每一章有变形理论介绍、模具结构分析、必要的工艺计算和典型模具设计案例供参考。

　　读者通过学习本教材，可以较为容易地掌握一些典型模具设计方法和过程，同时为复杂模具的设计奠定良好的基础。本教材可作为高等职业院校模具设计与制造专业的教材，也可作为相关工程技术人员的培训教材和参考书。

　　本教材由上海工程技术大学高等职业技术学院于位灵、杜继涛、杨梅编写。编写分工如下：第一章、第五章由杨梅编写；第二章、第四章由于位灵编写；第三章由杜继涛编写。全书由于位灵统稿。在教材编写过程中得到了许多单位、个人的大力支持和帮助，在此表示诚挚的感谢！

　　在本教材编写过程中，参考了国内外公开出版的同类书籍，并参考了部分图、表等，在此向这些书籍的作者表示由衷的谢意！

　　由于作者水平有限，书中难免有错误和不足之处，恳请广大读者批评指正。

作　者

目 录
Contents

第一章　冷冲压概述

【学习目标】
1. 掌握冷冲压的概念。
2. 了解冷冲压加工的特点、应用和发展。
3. 熟悉曲柄压力机的结构、类型和技术参数。
4. 了解高速压力机的结构、特点和技术参数。
5. 了解冲压常用材料的性能要求。

冷冲压是压力加工方法的一种,是机械制造中先进的加工方法之一。本章首先对冷冲压的概念做一概述,并简介冷冲压的特点、发展和冷冲压工序的分类。对于冷冲压设备,本章介绍了最常用的曲柄压力机,并对高速压力机做了简介。本章最后介绍了冲压成形常用材料及其性能。

第一节　冷冲压加工概述

一、冷冲压的概念

冷冲压是在常温下利用冲模在压力机上对材料施加压力,使其产生分离或变形,从而获得一定形状、尺寸和性能制件的加工方法。在冷冲压加工中,冷冲模就是冲压加工所用的工艺装备。没有先进的冷冲模,先进的冲压工艺就无法实现。

图1-1示出了在冲压件的生产中必不可少的三要素:合理的冲压成形工艺、先进的模具和高效的冲压设备。

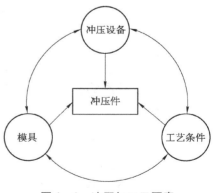

图1-1　冲压加工三要素

二、冷冲压的特点及应用

与其他加工方法相比,冷冲压工艺有以下特点:

(1)冷冲压可以加工壁薄、重量轻、形状复杂、表面质量好、刚性好的制件。

(2)冷冲压件的尺寸公差由模具保证,具有"一模一样"的特征,因而产品质量稳定。

（3）冷冲压是少、无切屑加工方法之一，是一种省能、低耗、高效的加工方法，因而冲件的成本较低。

（4）冷冲压生产靠压力机和模具完成加工过程，其生产率高、操作简便、易于机械化与自动化。用普通压力机进行冲压加工，每分钟可达几十件；用高速压力机生产，每分钟可达数百件或千件以上。

由于进行冲压成形加工必须具备相应的模具，而模具是技术密集型产品，其制造属单件小批量生产，具有加工难、精度高、技术要求高的特点，生产成本高。所以，只有在冲压件生产批量大的情况下，冲压成形加工的优点才能充分体现，从而获得好的经济效益。在现代工业生产中冷冲压加工占有十分重要的地位，是国防工业及民用工业生产中必不可少的加工方法：在电子产品中，冲压件占 80%～85%；在汽车、农业机械产品中，冲压件占 75%～80%；在轻工产品中，冲压件约占 90% 以上；此外，在航空及航天工业生产中，冲压件也占有很大的比例。

三、冷冲压工序的分类

由于冷冲压加工的制件形状、尺寸、精度要求、批量大小、原材料性能等不同，其冲压方法多种多样，但概括起来可分为分离工序和变形工序两大类。分离工序是将冲压件或毛坯沿一定的轮廓相互分离；变形工序是在材料不产生破坏的前提下使毛坯发生塑性变形，形成所需要形状及尺寸的制件。每一大类中又包括许多不同的工序，分别见表 1-1、表 1-2。

表 1-1　分离工序分类

工序名称	简图	特点	工序名称	简图	特点
切断		用剪刀或冲模切断板材，切断线不封闭	切口		在坯料上沿不封闭线冲出缺口，切口部分发生弯曲，如通风板
落料	废料　冲件	用冲模沿封闭线冲切板料，冲下来的部分为冲件	切边		将冲件的边缘部分切掉
冲孔	冲件　废料	用冲模沿封闭线冲切板料，冲下来的部分为废料	剖切		把工序件切开、成两个或几个冲件，常用于成对冲压

表 1-2　变形工序分类

工序名称		简图	特点及常用范围	工序名称		简图	特点及常用范围
弯曲	弯曲		把板料弯成一定的形状	拉深	拉深		把平板形坯料制成空心冲件,壁厚基本不变
	卷圆		把板料端部卷圆,如合页		变薄拉深		把空心冲件拉深成侧壁比底部薄的工件
	扭曲		把冲件扭转成一定角度				
成形(一)	内孔翻边		把冲件上有孔的边缘翻出竖立边缘	成形(二)	胀形		使冲件的一部分凸起,呈凸肚形
	外缘翻边		把冲件的外缘翻起圆弧或曲线状的竖立边缘		旋压		把平板形坯料用小滚轮旋压出一定形状(分变薄与不变薄两种)
	扩口		把空心件的口部扩大,常用于管子		整形		把形状不太准确的冲件矫正成形,如获得小的半径 r_1 等
	缩口		把空心件的口部缩小		校平		压平平板形冲件以提高其平面度
	起伏		在冲件上压出加强筋、花纹或文字,在起伏处的整个厚度上都有变形		压印		在冲件上压出文字或花纹,只在冲件厚度的一个平面上有变形

四、冲压技术的发展方向

当前,由于我国在冲压基础理论及成形工艺、模具标准化、模具设计、模具制造工艺及设备等方面与工业发达国家尚有相当大的差距,导致我国模具在寿命、效率、加工精度、生产周期等方面与先进工业发达国家的模具相比差距相当大。随着科学技术的不断进步和工业生产的迅速发展,冲压加工作为现代工业领域内重要的生产手段之一,更加体现出其特有的优越性。在现代工业生产中,由于市场竞争日益激烈、产品性能和质量要求越来越高、更新换代的速度越来越快,冲压产品正朝着复杂化、多样化、高性能、高质量方向发展,模具也正朝着复杂化、高效率、高精度、长寿命方向发展。各工业部门在以下领域对冲压技术的发展提出了越来越高的要求。

1. 冲压成形理论及冲压工艺

加强冲压变形基础理论的研究,以提供更加准确、实用、方便的计算方法。正确地确定冲压工艺参数和模具工作部分的几何形状与尺寸,解决冲压变形中出现的各种实际问题,进一步提高冲压件的质量。研究和推广采用新工艺,如精冲工艺、软模成形工艺、高能高速成形工艺、超塑性成形工艺以及其他高效经济的成形工艺等,进一步提高冲压技术水平。特别值得指出的是,随着计算机技术的飞跃发展和塑性变形理论的进一步完善,近年来国内外已开始应用塑性成形过程的计算机模拟技术,即利用有限元等数值分析方法模拟金属的塑性成形过程,根据分析结果,设计人员可实现优化设计。

2. 模具先进制造工艺及设备

模具制造技术现代化是模具工业发展的基础。计算机技术、信息技术、自动化技术等先进技术正在不断向传统制造技术渗透、交叉、融合,从而形成先进制造技术。模具先进制造技术主要体现在以下几个方面:

1) 高速铣削加工　普通铣削加工采用低的进给速度和大的切削参数,而高速铣削加工则采用高的进给速度和小的切削参数。高速铣削在切削钢时,比传统的铣削加工高 5～10倍;在加工模具型腔时与传统的加工方法(传统铣削、电火花成形加工等)相比其效率提高4～5倍。高精度高速铣削加工精度一般为 $10~\mu m$,有的精度还要高。高速铣削时最好的表面粗糙度 Ra 值小于 $1~\mu m$,减少了后续磨削及抛光工作量。高速切削可加工高硬材料,可铣削50～54 HRC 的钢材,铣削的最高硬度可达 60 HRC。

2) 电火花铣削加工　电火花铣削加工是一种替代传统用成形电极加工模具型腔的新技术,是电火花加工技术的重大发展。像数控铣削加工一样,电火花铣削加工采用高速旋转的杆状电极对工件进行二维或三维轮廓加工,无须制造复杂、昂贵的成形电极。日本三菱公司最近推出的 EDSCANSE 电火花加工机床,配置有电极损耗自动补偿系统、CAD/CAM(计算机辅助设计/计算机辅助制造)集成系统、在线自动测量系统和动态仿真系统,体现了当今电火花加工机床的水平。

3) 慢走丝线切割技术　目前,数控慢走丝线切割技术发展水平已相当高,功能相当完善,自动化程度已达到无人看管运行的程度。其加工工艺水平也令人称道,最大切割速度已达 $300~mm^2/min$,加工精度可达到 $\pm1.5~\mu m$,加工表面粗糙度 Ra 到 $0.1～0.2~\mu m$。

4) 精密磨削及抛光技术　精密磨削及抛光加工由于具有精度高、表面质量好、表面粗糙度值小等特点,在精密模具加工中广泛应用。目前,精密模具制造已开始使用数控成形磨床、数控光学曲线磨床、数控连续轨迹坐标磨床及自动抛光机等先进设备和技术。

　　5）数控测量　伴随模具制造技术的进步，模具加工过程的检测手段也取得了很大进展。三坐标测量机已开始在模具加工过程中使用，现代三坐标测量机除了能高精度地测量复杂曲面的数据外，其良好的温度补偿装置、可靠的抗振保护能力、严密的除尘措施以及简便的操作步骤，使得现场自动化检测成为可能。

3. 模具新材料及热处理、表面处理

　　产品质量的提高，对模具质量和寿命也提出越来越高的要求。而提高模具质量和寿命最有效的办法，就是开发和应用模具新材料及热处理、表面处理新工艺，不断提高使用性能，改善加工性能。分述如下：

　　1）模具新材料　冷冲压模具使用的材料属于冷作模具钢，其主要性能为强度、韧性、耐磨性较高。目前冷作模具钢具有两大发展趋势：一种是降低含碳量和合金元素含量，提高钢中碳化物分布均匀度，突出提高模具的韧性；另一种是以提高耐磨性为主要目的，并适应高速、自动化、大批量生产而开发的粉末高速钢。

　　2）热处理、表面处理新工艺　为了提高模具工作表面的耐磨性、硬度和耐蚀性，必须采用热处理、表面处理新技术，尤其是表面处理新技术。除了人们熟悉的镀硬铬、渗氮等表面硬化处理方法外，近年来模具表面性能强化技术发展很快，实际应用效果很好的还有化学气相沉积（chemical vapor deposition，CVD）、物理气相沉积（physical vapor deposition，PVD）以及盐浴渗金属（Toyota diffusion，TD）的方法。这些对提高模具寿命和减少模具昂贵材料的消耗，有着十分重要的意义。

4. 模具 CAD/CAM 技术

　　CAD/CAM 是改造传统模具生产方式的关键技术，它以计算机软件的形式为用户提供一种有效的辅助工具，使工程技术人员能借助计算机对产品、模具结构、成形工艺、数控加工及成本等进行设计和优化。模具 CAD/CAM 能显著缩短模具设计及制造周期、降低生产成本、提高产品质量，已成为人们的共识。随着功能强大的专业软件和高效集成制造设备的出现，以三维造型为基础，基于并行工程（concurrent engineering，CE）的模具 CAD/CAM 技术正成为发展方向。它能实现制造和装配的设计，实现成形过程的模拟和数控加工过程的仿真，使设计、制造一体化。

5. 快速经济制模技术

　　为了适应工业生产中多品种、小批量生产的需要，加快模具的制造速度，降低模具生产成本，开发和应用快速经济制模技术越来越受到人们的重视。目前，快速经济制模技术主要包括低熔点合金制模技术、锌基合金制模技术、环氧树脂制模技术、喷涂成形制模技术、叠层钢板制模技术等。应用快速经济制模技术制造模具，简化了模具制造工艺、缩短制造周期、降低模具生产成本，在工业生产中取得了显著的经济效益；对提高新产品的开发速度，促进生产的发展有着非常重要的作用。

第二节　冷冲压设备概述

　　在冷冲压生产中，为了适应不同的冲压工作需要，各种不同类型的压力机被采用。压力

机的类型很多,根据传动方式的不同,主要可分为机械压力机和液压压力机两大类。其中机械压力机在冷冲压生产中应用最为广泛。随着现代冲压技术的发展,高速压力机也日益得到广泛的应用。

一般冲压车间常用的机械压力机有曲柄压力机与摩擦压力机等,又以曲柄压力机为最常用。

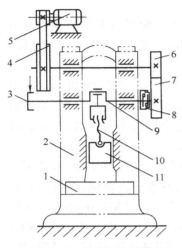

图 1-2　曲柄压力机简图

1—工作台;2—床身;3—制动器;4—带轮;5—电动机;6、7—齿轮;8—离合器;9—曲轴;10—连杆;11—滑块

一、曲柄压力机

1. 曲柄压力机的基本组成

图 1-2 所示为曲柄压力机结构简图。曲柄压力机由以下几部分组成:

1) 床身　床身是压力机的骨架,承受全部冲压力,并将压力机所有的零、部件连接起来,保证全机所要求的精度、强度和刚度。床身上固定有工作台 1,用于安装冲模的下模。

2) 工作机构　即为曲柄连杆机构,由曲轴 9、连杆 10 和滑块 11 组成。电动机 5 通过 V 形带把能量传给带轮 4,通过传动轴经小齿轮 6、大齿轮 7 传给曲轴 9,并经连杆 10 把曲轴 9 的旋转运动变成滑块的往复直线运动。冲模的上模就固定在滑块上。带轮 4 兼起飞轮作用,使压力机在整个工作周期里负荷均匀,能量得以充分利用。

3) 操纵系统　由制动器 3、离合器 8 等组成。离合器是用来启动和停止压力机动作的机构。制动器是在当离合器分离时,使滑块停止在所需的位置上。离合器的离、合,即压力机的开、停是通过操纵机构控制的。

4) 传动系统　包括带轮传动、齿轮传动等机构。

5) 能源系统　包括电动机、飞轮(带轮 4)。

除了上述几大基本部分外,曲柄压力机还有多种辅助装置,如润滑系统、保险装置、计数装置及气垫等。

2. 曲柄压力机的主要结构类型

曲柄压力机有以下几种分类方法:

1) 按床身结构分　可分为开式压力机和闭式压力机两种。图 1-3 所示为开式压力机结构示意图,图 1-4 所示为闭式压力机传动示意图。

开式压力机床身前面、左面和右面三个方向是敞开的,操作和安装模具都很方便,便于自动送料。但由于床身呈 C 字形,刚性较差。当冲压力较大时,床身易变形,影响模具寿命,因此只适用于中、小型压力机。闭式压力机的床身两侧封闭,只能前后送料,操作不如开式的方便,但机床刚性好,能承受较大的压力,适用于一般要求的大、中型压力机和精度要求较高的轻型压力机。

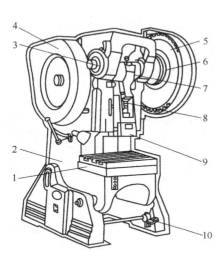

图 1-3 开式压力机

1—工作台；2—床身；3—制动器；4—安全罩；
5—齿轮；6—离合器；7—曲轴；8—连杆；9—滑
块；10—脚踏操纵器

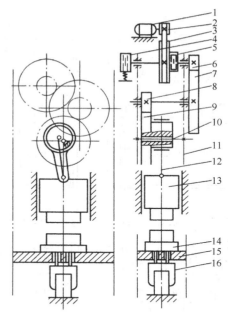

图 1-4 闭式压力机传动示意图

1—电动机；2—小带轮；3—大带轮；4—制动器；
5—离合器；6、8—小齿轮；7—大齿轮；9—带偏心
轴颈的大齿轮；10—轴；11—床身；12—连杆；
13—滑块；14—垫板；15—工作台；16—液压气垫

2) 按连杆的数目分　可分为单点、双点和四点压力机。单点压力机有一个连杆（如图 1-2 中所示），双点和四点压力机分别有两个和四个连杆。图 1-5 所示为闭式双点压力机原理图。

3) 按滑块数目分　可分为单动压力机、双动压力机和三动压力机三种。图 1-2 所示的压力机只有一个滑块，为单动压力机。双动及三动压力机一般用于复杂制件的拉深。图 1-6 所示为一双动压力机的结构示意图。这种压力机可用于较大、较高制件的拉深。压力机的工作部分由拉深滑块 1、压边滑块 3、工作台 4 三部分组成。拉深滑块由主轴上的齿轮及其偏心销通过连杆 2 带动。工作台 4 由凸轮 5 传动，压边滑块在工作时是不动的。工作时，凸模固定在拉深滑块上，压边圈固定在压边滑块 3 上，而凹模则固定在工作台上。工作开始时，工作台在凸轮 5 的作用下上升，将坯料压紧，并停留在此位置。这时，固定在拉深滑块上的拉深凸模开始对坯料进行拉深，直至拉深滑块下降到拉深结束位置。拉完后拉深滑块先上升，然后工作台下降，完成冲压工作。这种双动压力机是通过拉深滑块和工作台的移动来实现双动的。

4) 按传动方式分　压力机的传动系统可置于工作台之上（如图 1-2 中所示），也可置于工作台之下（如图 1-6 中所示）。前者称为上传动，后者称为下传动。下传动的压力机重心低、运动平稳，能减少振动和噪声，床身受力情况也得到改善。但压力机平面尺寸较大、总高度和上传动差不多，故重量大、造价高。且传动部分的修理也不方便，故现有通用压力机一般均采用上传动。

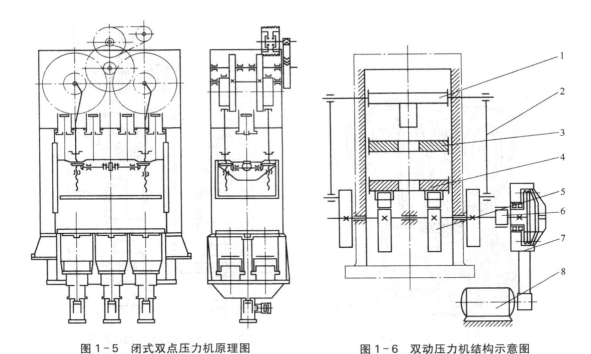

图1-5   闭式双点压力机原理图   图1-6   双动压力机结构示意图

1—拉深滑块;2—连杆;3—压边滑块;4—工作台;5—凸轮;6—制动器;7—离合器;8—电动机

5）按工作台结构分   可分为可倾式、固定式和升降台式三种,如图1-7所示。其中固定式最为常用。

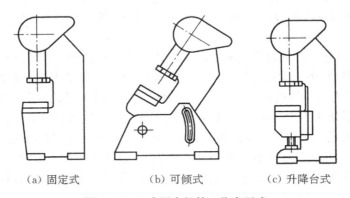

（a）固定式   （b）可倾式   （c）升降台式

图1-7   开式压力机的工作台形式

3. 压力机连杆与滑块的结构及其调整

压力机连杆一端与曲轴相连,另一端与滑块相连。为了适应不同高度的模具,压力机的装模高度必须能够调节。如图1-8所示,压力机曲柄滑块机构采用调节连杆的长度来达到以调节装模高度的目的,即连杆不是一个整体,而是由连杆体 1 和调节螺杆 6 所组成。在调节螺杆 6 的中部有一段六方部分（如图1-8中的 $A-A$ 截面）。松开锁紧螺钉 9,用扳手扳动中部带六方的调节螺杆 6,即可调节连杆的长度。较大的压力机是通过电动机、齿轮或蜗轮机构来调节螺杆的。

　　滑块的结构也反映在图 1-8 中。在滑块中装有支承座 7,并与调节螺杆 6 的球头相接。为了防止压力机超载,在滑块中的球形支承座下面装有保险块 8。保险块的抗压强度是经过理论计算与实际试验来决定的。当压力机负荷超过公称压力时,保险块被破坏,而压力机不受损坏。也有的压力机采用液压过载保护装置来防止压力机负荷超载,使用更为方便。

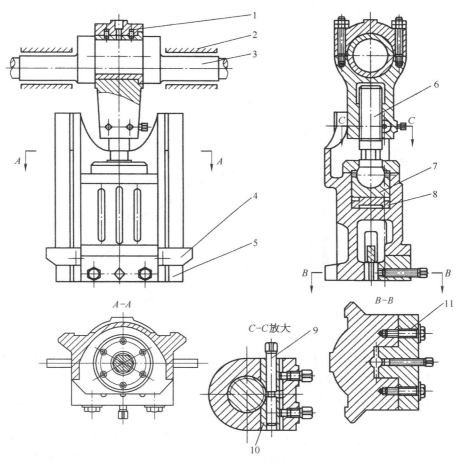

图 1-8　JB23-63 压力机的曲柄滑块机构

1—连杆体;2—轴瓦;3—曲轴;4—横杆压力机的曲柄滑块机构;5—滑块;6—调节螺杆;7—支承座;
8—保险块;9—锁紧螺钉;10—锁紧块;11—模柄夹持块

4. 压力机的主要技术参数

　　压力机的主要技术参数是反映一台压力机的工艺能力、所能加工制件的尺寸范围以及生产率等的指标,也是模具设计中选择冲压设备、确定模具结构的重要依据。压力机主要技术参数如下:

　　1) 公称压力　压力机滑块下压时的冲击力就是压力机的压力。由曲柄连杆机构的工作原理可知,压力机滑块的压力在整个行程中不是一个常数,而是随曲轴转角的变化而不断变化的。图 1-9 所示为压力机的许用压力曲线。图中,H 为滑块行程,h_a 为滑块离下止点的距离，F_{max} 为压力机的最大许用压力，F 为滑块在某位置时所允许的最大工作压力，α 为曲柄与下止点的夹角。从曲线中可以看出，当曲轴转到与下止点转角等于 20°～30°处一直到转至下止点位置的转角范围内，压力机的许用压力达到最大值 F_{max}。公称压力是指压力机曲柄旋转到离下止点前某一特定角度（称为公称压力角，等于 20°～30°）时，滑块上所容许的最大工作压力。图中还列出了压力角所对应的滑块位移点，它是表示压力机规格的主参数。我国的压力机公称压力已经系列化了，例如 63 kN、100 kN、160 kN、250 kN、400 kN、630 kN、800 kN、1 000 kN、1 250 kN、1 600 kN、…。公称压力必须大于冲压工艺所需的冲压力。

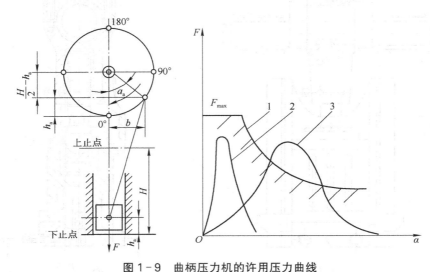

图 1-9　曲柄压力机的许用压力曲线

1—压力机许用压力曲线；2—冲裁工艺冲裁力实际变化曲线；3—拉深工艺拉深力实际变化曲线

2）滑块行程　指滑块从上止点到下止点所经过的距离。对于曲柄压力机，其值即为曲柄半径的两倍。选择压力机时，滑块行程长度应保证坯料能顺利地放入模具和冲压件能顺利地从模具中取出。特别是拉深件和弯曲件应使滑块行程长度大于制件高度的 2.5～3.0倍。

3）滑块每分钟行程次数　指滑块每分钟往复的次数。滑块每分钟行程次数的多少，关系到生产率的高低。一般压力机行程次数都是固定的，高速压力机的滑块行程次数则是可调的。

4）压力机的闭合高度　指滑块在下止点时，滑块下底面到工作台上平面之间的距离。压力机的闭合高度可通过连杆丝杠在一定范围内调节。当连杆调至最短，压力机的闭合高度最大；当连杆调至最长，压力机的闭合高度最小。压力机的装模高度指压力机的闭合高度减去垫板厚度的差值。压力机的装模高度可在最大和最小装模高度之间调节。

5）压力机工作台面尺寸　压力机工作台面尺寸应大于冲模的最大平面尺寸。一般工作台面尺寸每边应大于模具下模座尺寸 50～70 mm，以便安装固定模具用的螺钉和压板。

6）漏料孔尺寸　当制件或废料需要下落，或模具底部需要安装弹顶装置时，下落件或弹顶装置的尺寸必须小于工作台中间的漏料孔尺寸。

7）模柄孔尺寸　滑块内安装模柄用的孔直径和模柄直径的基本尺寸应一致，模柄的高度应小于模柄孔的深度。

8）压力机电动机功率 必须保证压力机的电动机功率大于冲压时所需的功率。

J23 系列曲柄压力机的不同型号及其技术参数见表 1-3。J31 闭式单点压力机不同型号及其技术参数见表 1-4。

表 1-3 J23 开式可倾式压力机

型号		J23-6.3	J23-10B	J23-16B	J23-25B	JC23-25	JC23-40	JC23-40	JC23-63	JC23-80
公称压力(kN)		63	100	160	250	250	400	400	630	800
公称压力行程(mm)		2	2	5	4	4	5	7	8.5	9
滑块行程(mm)		35	60	70	70	65	90	80	120	130
行程次数(次/min)		170	130	120	110	55	45	45	50	50
最大装模高度(mm)		120	130	160	175	220	240	255	270	270
装模高度调节量(mm)		30	35	60	60	55	80	65	80	80
喉深(mm)		110	130	160	190	200	250	250	260	260
工作台板尺寸(mm)	前后	200	240	300	360	370	460	460	480	500
	左右	310	360	450	600	560	700	700	710	720
工作台孔尺寸(mm)	前后	110	100	110	160	200	150	250	200	200
	左右	160	180	220	250	290	300	360	340	340
	直径	140	130	160	200	260	260	320	250	250
滑块底面尺寸(mm)	前后	120	150	180	185	220	260	260	272	272
	左右	140	170	200	260	250	300	300	320	320
模柄孔尺寸(mm)		$\phi30\times55$	$\phi30\times55$	$\phi40\times60$	$\phi40\times60$	$\phi40\times60$	$\phi50\times70$	$\phi50\times70$	$\phi50\times80$	$\phi50\times70$
立柱间距离(mm)		150	180	220	260	270	300	340	350	350
垫板厚度(mm)		30	50	60	60	50	80	65	90	90
机身最大可倾角(°)		45	30	35	30	30	30	30	30	20

注：参照徐州锻压机床厂集团有限责任公司压力机技术参数。

表 1-4 J31 闭式单点压力机

型号	JD81-160	JF31-160A	J31-250B	JD81-250	J31-315B	J31-400B	JD81-400	JF31-400
公称压力(kN)	1 600	1 600	2 500	2 500	3 150	4 000	4 000	4 000
公称压力行程(mm)	8	8	10.4	10.4	10.5	13.2	13.2	13
滑块行程(mm)	200	200	315	315	315	400	400	420
行程次数(次/min)	32	32	20	20	20	20	20	15
最大装模高度(mm)	450	450	490	490	490	550	550	550

型号	JD31-160	JF31-160A	J31-250B	JD31-250	J31-315B	J31-400B	JD31-400	JF31-400
装模高度调节量(mm)	200	200	200	200	200	250	250	200
工作台面尺寸(mm)	800×800	800×800	950×1 000	950×1 000	1 100×1 100	1 200×1 240	1 200×1 240	1 250×1 250
工作台板厚度(mm)	140	140	140	140	140	160	160	160
滑块底面尺寸(mm) 前后	600	600	850	850	960	1 000	1 000	1 100
滑块底面尺寸(mm) 左右	700	700	980	980	107	1 230	1 230	1 250
导轨间距离(mm)	740	740	810	810	950	1 060	1 060	1 334
压缩空气压力(MPa)	0.5	0.5	0.5	0.5	0.5	0.5	0.5	0.5
气垫 顶出力(kN)/压边力(kN)	50/300	50/300	63/400	63/400	76/500	76/500	76/500	100/500
气垫 行程(mm)	150	150	150	150	160	200	200	200
气垫 下沉量(mm)	15	15	5	15	5	5	5	15

注:参照营口锻压机床有限责任公司压力机技术参数。

二、高速压力机简介

近年来,高速冲压得到了广泛的发展和应用。在过去,普通冲压的速度一般为45～80 次/min。现在,随着冲压技术的发展,一般将冲压速度在 200 次/min 以下称为低速冲压;200～600 次/min 称为中速冲压;600 次/min 以上称为高速冲压。平时人们所说的高速冲压,多半是在中速冲压范围之内。目前高速压力机的冲压速度已达到每分钟 1 000 多次,吨位也从几百千牛发展到上千千牛,主要用于电子、仪器、仪表、轻工、汽车等行业的特大批量冲压件的生产。

1. 高速压力机的特点

(1) 滑块行程次数高。滑块的行程次数,直接反映了压力机的生产效率。国外中、小型高速压力机的滑块行程次数已达 1 000～3 000 次/min。高速压力机的滑块行程次数与滑块的行程及送料长度有关。

(2) 滑块的惯性大。滑块和模具的高速往复运动,会产生很大的惯性力,造成机床的惯性振动。加上冲压过程中机身积存的弹性势能释放后所引起的振动,会直接影响压力机的性能和模具寿命。所以,必须对高速压力机采取减振措施。

(3) 设有紧急制动装置。高速压力机的传动系统具有良好的紧急制动特性,以便在事故监测装置发出警报时,能使压力机紧急停车,避免不必要的经济损失和出现安全事故。

(4) 送料精度高。送料精度可达±(0.01～0.03)mm,有利于提高工步定位精度,减小因送料不准引起设备或模具的损坏。

(5) 机床的刚性和滑块的导向精度高。

（6）辅助装置齐全。有高精度的间隙送料装置、平衡装置、减振消声装置、事故监测装置等。

2. 高速压力机的结构及主要技术参数

图1-10所示为高速自动压力机及附属机构。除压力机的主体以外，高速自动压力机还包括开卷、校平和送料等机构。高速压力机的主体机身大部分都采用闭式机构，只有小吨位的高速压力机采用开式机构，以保证机床的刚性。主传动一般采用无级调速。滑块与导轨采用滚动导轨导向，使滑块运动时侧向间隙被消除。为了提高滑块的导向精度和抗偏载能力，部分压力机常将机身导轨的导滑部分延长到模具的工作面以下。为了安装调节模具方便，高速压力机的滑块内一般装有装模高度调节机构。为了充分发挥高速自动压力机的作用，需要高质量的卷料、送料精度高的自动送料机构以及高精度、高寿命的连续模具。

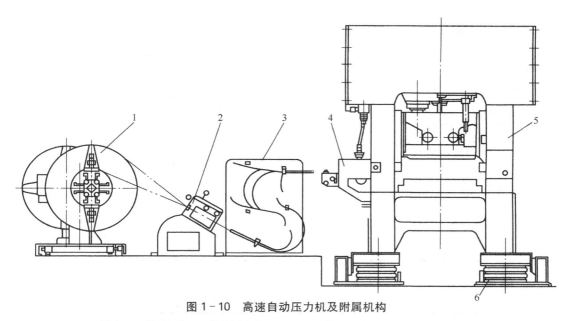

图1-10　高速自动压力机及附属机构

1—开卷机；2—校平机构；3—供料缓冲装置；4—送料机构；5—高速自动压力机；6—弹性支承

表1-5、表1-6为几种高速压力机的不同型号及其主要技术参数。

表1-5　J21G系列开式高速精密压力机技术参数

名称	型号			
	J21G-16、J21G-16A	J21G-25、J21G-25A、J21G-25B	J21G-45、J21G-45A、J21G-45B	J21G-63、J21G-63A、J21G-63B
公称压力(kN)	160	250	450	630
公称压力行程(mm)	1.5	1.5	1.5	1.5
滑块行程(mm)	20	30	30	30

续表

名称		型号			
		J21G-16、J21G-16A	J21G-25、J21G-25A、J21G-25B	J21G-45、J21G-45A、J21G-45B	J21G-63、J21G-63A、J21G-63B
行程次数(min)		200～250	200～250	200～250	200～250
最大装模高度(mm)		190	230	250	260
装模高度调节量(mm)		45	50	50	60
滑块中心至机身距离(mm)		170	210	250	300
工作台板尺寸(前后×左右)(mm)		320×480	400×700	480×820	570×850
机身工作台孔尺寸(前后×左右)(mm)		100×200	120×250	150×270	160×300
工作台板厚度(mm)		60	70	90	100
滑块底面尺寸(前后×左右)(mm)		180×200	210×250	280×400	400×480
模柄孔尺寸(直径×深度)(mm)		40×60	40×70	40×75	50×80
立柱间的距离(mm)		300	410	490	580
电动机	型号	YCT160-4B	YCT180-4A	YCT200-4A	YCT200-4B
	功率(kW)	3	4	5.5	7.5
外形尺寸(长×宽×高)(mm)		1 450×1 020×2 200	1 620×1 150×2 400	1 735×1 300×2 540	1 800×1 400×2 700
净重(kg)/毛重(kg)		2 600/3 000	3 700/4 200	4 800/5 500	5 600/6 600

注：参照扬力集团压力机技术参数。

表1-6　HP系列高速压力机主要技术参数

型号	HP-40	HP-60	HP-80	HP-110
公称压力(kN)	400	600	800	1 100
行程长度(mm)	25，20，15	40，32，25，20	35，25，20	40，30，20
行程次数(次/min)	1 000，1 200，1 500	800，900，1 000，1 200	700，800，900	600，700，800
闭合高度(mm)	280	280	340	380
闭合高度调节量(mm)	50	60	80	70
工作台尺寸(长×宽)(mm)	750×550	950×650	1 100×700	1 200×800

型号	HP-40	HP-60	HP-80	HP-110
滑块底面尺寸(长×宽)(mm)	750×450	950×500	1 050×550	1 150×600
工作台垫板厚度(mm)	100	120	175	200
主电动机功率(kW)	15	22	30	37

注:参照日本三菱公司压力机技术参数。

第三节　冲压成形常用材料及其成形性能

冲压生产中使用的材料相当广泛,为了满足不同产品的使用要求,必须选用合适的材料;而从冲压工艺本身出发,又对冲压材料提出冲压性能方面的要求。因此,从产品使用性能和冲压工艺两方面的要求,选用合适的冲压材料是生产合格冲压件的重要条件之一。

一、冲压常用材料简介

1. 冲压材料的基本要求

冲压所用的材料,不仅要满足使用要求,还应满足冲压工艺要求和后续加工要求。冲压工艺对材料有如下基本要求:

(1) 对冲压成形性能的要求对于成形工序,为了有利于冲压变形和制件质量的提高,材料应具有良好的冲压成形性能,即应有良好的抗破裂性、良好的贴模性和定形性。对于分离工序,则要求材料具有一定的塑性。

(2) 对表面质量的要求材料的表面应光洁、平整,无缺陷损伤。表面质量好的材料,冲压时不易破裂,不易擦伤模具,制件的表面质量也好。

(3) 对材料厚度公差的要求材料的厚度公差应符合国家标准。因为一定的模具间隙适用于一定厚度的材料,材料厚度公差太大,不仅直接影响制件的质量,还可以导致废品的出现。在校正弯曲、整形等工序中,有可能因厚度方向的正偏差过大而引起模具或压力机的损坏。

2. 冲压材料的种类

1) 常用的冲压材料　常用冲压材料,多为各种规格的板料、带料等。它们的尺寸规格,均可在有关标准中查得。在生产中常把板料切成一定尺寸的条料或片料进行冲压加工。在大批生产中,可将带料在滚剪机上剪成所需宽度,用于自动送料的冲压加工。

冷冲压常用材料列举如下:

(1) 黑色金属。包括普通碳素钢、优质碳素钢、碳素结构钢、合金结构钢、碳素工具钢、不锈钢、硅钢、电工用纯铁等。

(2) 有色金属。包括纯铜、无氧铜、黄铜、青铜、纯铝、硬铝、防锈铝、银及其合金等。在电子工业中,冲压用的有色金属,还有镁合金、钛合金、钨、铝、钽铌合金、康铜、铁镍软磁合金(坡莫合金)等。

（3）非金属材料。包括纸板、各种胶合板、塑料、橡胶、纤维板、云母等。

部分冲压常用金属材料的力学性能，见表 1-7。

表 1-7　冲压常用金属材料的力学性能

材料名称	牌号		材料状态	抗剪强度 τ(MPa)	抗拉强度 σ_b(MPa)	伸长率 δ_{10}(%)	屈服强度 σ_s(MPa)
电工用纯铁 C<0.025%	DT1、DT2、DT3		退火	180	230	26	—
电工硅钢	D11、D12、D21、D31、D32		退火	441	—	—	—
	D41~D43、D310~D340		未退火	549	—	—	—
普通碳素钢	Q195		未退火	255~314	315~390	28~33	195
	Q235			303~372	375~460	26~31	235
	Q275			392~490	490~610	15~20	275
碳素结构钢	08F		已退火	230~310	275~380	27~30	180
	08			260~360	324~441	27	200
	10			260~340	295~430	26	210
	20			280~400	355~500	24	250
	45			440~560	530~685	15	360
优质碳素钢	65 Mn		已退火	600	750	12	400
冷轧拉深钢	08Al-ZF		退火	—	255~324	44	196
	08Al-HF			—	255~334	42	206
	08Al-F	$t>1.2$ mm		—	255~343	39	216
		$t=1.2$ mm		—	255~343	42	216
		$t<1.2$ mm		—	255~343	42	235
合金结构钢	25CrMnSiA 25CrMnSi		已低温退火	392~549	490~686	18	—
	30CrMnSiA 30CrMnSi			432~588	539~736	16	—
不锈钢	1Cr13		已退火	320~380	440~470	20	120
	1Cr18Ni9Ti		经热处理	460~520	560~640	40	200
铝	1060、1050A、1200		已退火	80	70~110	20~28	50~80
			冷作硬化	100	130~140	3~4	—
铝锰合金	3A21		已退火	70~110	110~156	19	50

续表

材料名称	牌号	材料状态	抗剪强度 τ(MPa)	抗拉强度 σ_b(MPa)	伸长率 δ_{10}(%)	屈服强度 σ_s(MPa)
铝镁合金	3A02	已退火	127～158	177～225	—	98
硬铝	2A12	已退火	105～150	150～215	12～14	—
		淬硬后冷作硬化	280～320	400～465	8～10	340
纯铜	T1、T2、T3	软	160	200	30	7
		硬	240	300	3	—
黄铜	H62	软	260	300	35	—
		半硬	300	380	20	200
	H68	软	240	300	40	100
		半硬	280	350	25	—
锡磷青铜	QSn4-4-2.5	软	255	294	38	137
锡锌青铜	QSn4-3	硬	471	539	3～5	—

2）冲压用新材料　汽车、电子、家用电器及日用五金等工业的发展，极大地推动着现代金属薄板的发展，许多具有不同新特性的冲压用板材不断出现。当代材料科学的发展，已经能做到根据使用与制造的要求，设计并制造出新型材料。因此，很多冲压用的新型板材便应运而生。例如高强度钢板、耐腐蚀钢板、双相钢板、涂层钢板及复合板等。新型冲压板材的发展趋势见表1-8。

表1-8　新型冲压板材的发展趋势

内容	发展趋势	效果与目的
厚度	厚→薄	产品轻型化、节能降低成本
强度	低→高	产品轻型化、提高强度
组织	单相→双相、加磷、加钛	提高强度、伸长率和冲压性能
板层	单层→涂层、叠合、复合层、夹层	耐腐蚀、外表外观好、冲压性能提高、抗振动、减噪声
功能	单一→多个、一般→特殊	实现新功能

3. 材料的规格

冲压用材料大部分都是各种规格的板料、条料、带料和块料。

1）板料　板料的尺寸较大，用于大型制件的冲压。主要规格有 500 mm×1 500 mm、900 mm×1 800 mm、1 000 mm×2 000 mm 等。

2）条料　条料是根据冲压件的需要，由板料剪裁而成，用于中、小型制件的冲压。

3）带料　带料（又称卷料）有各种不同的宽度和长度。成卷状供应的主要是薄料。适用于大批量生产的自动送料。

4）块料 块料一般用于单件小批生产和价值昂贵的有色金属的冲压,并广泛用于冷挤压。

二、板料的冲压成形性能和试验方法

1. 板料的冲压成形性能

材料对各种冲压成形方法的适应能力称为材料的冲压成形性能。材料的冲压成形性能好,就是指其单个冲压工序的极限变形程度和总的极限变形程度大,生产率高,成本低,容易得到高质量的冲压件。板料冲压成形性能是一个综合性的概念,它包括抗破裂性、贴模性和定形性。

1）板料的抗破裂性 涉及板料在各种冲压成形工艺中的最大变形程度,即成形极限。板料的冲压成形性能愈好,板料的抗破裂性也愈好,其成形极限就愈高。

2）板料的贴模性 指板料在冲压过程中取得模具形状的能力。在冲压成形过程中,由于各方面因素的影响,板料会产生内皱、翘曲、塌陷和鼓起等几何面缺陷,使贴模性降低。

3）板料的定形性 指制件脱模后保持其在模内既得形状的能力。影响定形性的诸因素中,回弹是最主要的因素,制件脱模后,常因回弹过大而产生较大的形状误差。

板料的贴模性和定形性的好坏与否,是决定零件形状尺寸精度的重要因素。研究和提高板料的贴模性和定形性对提高冲件质量,尤其是汽车覆盖件等大而复杂制件的成形质量是有益的,这方面的研究及其试验方法已引起许多国家的重视。而在目前的冲压生产和板料生产中,仍主要用抗破裂性作为评定板料冲压成形性能的指标。

2. 板料冲压成形性能的试验方法

现在有很多种板料冲压成形性能的试验方法,概括起来,可以分为间接试验和直接试验两类。

1）间接试验 间接试验方法有拉伸试验、硬度试验、金相试验等,尤其是拉伸试验简单易行。虽然试验时试样的受力情况和变形特点与实际冲压变形有一定的差别,但研究表明,这种试验能从不同角度反映板材的冲压成形性能,因此板材的拉伸试验是一种很重要的试验方法。

用如图 1-11 所示形状的标准试样,在万能材料试验机上进行板料的拉伸试验。根据试验结果,可以得到如图 1-12 所示的应力-伸长率关系曲线,即拉伸曲线。

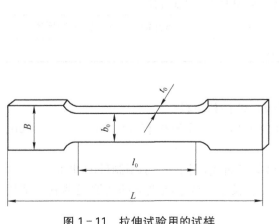

图 1-11 拉伸试验用的试样

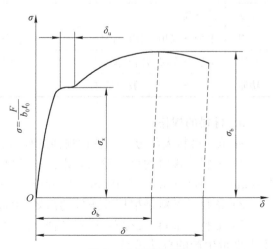

图 1-12 拉伸曲线

拉伸试验所得到的表示板材力学性能的指标与冲压成形性能有密切的关系,现就其中几项指标说明如下:

(1)伸长率。单向拉伸试验时,试样出现缩颈之前的伸长率叫做均匀伸长率 δ_b;试样拉断之前的伸长率叫做总伸长率 δ(包括 δ_b),一般来讲,δ 和 δ_b 大,板料允许的塑性变形程度也大,抗破裂性也较好。

(2)屈服点。试验表明,屈服点 σ_s 数值小,材料易屈服,成形后回弹小,贴模性和定形性较好。另外,屈服点对零件表面质量也有影响,如果拉伸曲线出现屈服平台,它的长度——屈服伸长 δ_b 较大,板料在屈服伸长之后,表面会出现明显的滑移线痕迹,导致零件表面粗糙。

(3)屈强比。σ_s/σ_b 是材料的屈服点和抗拉强度的比值,称为屈强比。屈强比对板料的冲压成形性能影响较大,σ_s/σ_b 数值小,板料由屈服到破裂前的塑性变形阶段长,有利于冲压成形。一般来讲,较小的屈强比对材料在各种成形工艺中的抗破裂性都有利。此外,试验证明,屈强比与成形零件的回弹有关,σ_s/σ_b 数值小,回弹也小,故定形性较好。总之,屈强比是反映板料冲压成形性能的很重要的指标,我国冶金标准规定,用于拉深最复杂零件的深拉深用 ZF 级钢板,其屈强比不大于 0.66。

(4)硬化指数。硬化指数 n 表示板料在冷塑性变形中的硬化强度。n 值大,硬化效应就大,抗缩颈能力就强,抗破裂性通常也就愈强,尤其对胀形来说,有明显的减少毛坯局部变薄,增大成形极限的作用。

(5)厚向异性系数。厚向异性系数是板料试样在试验中,试样的宽向和厚向应变之比,即

$$r = \frac{\varepsilon_b}{\varepsilon_t} = \frac{\ln \dfrac{b}{b_0}}{\ln \dfrac{t}{t_0}} \tag{1-1}$$

式中,b_0、b、t_0、t 分别为变形前后试样的宽度和厚度。

r 值反映了板厚方向和板料平面方向之间变形难易程度的差异,由于板料平面上存在各向异性,故常用加权平均值 $\bar{r}$ 来表示厚向异性系数,即

$$\bar{r} = \frac{1}{4}(r_0 + 2r_{45} + r_{90}) \tag{1-2}$$

式中,r_0、r_{45}、r_{90} 的下标分别为拉伸试样相对于轧制方向的角度值。

$\bar{r}$ 值对拉深成形性能影响很大。例如,$\bar{r}$ 值大,则板料平面方向容易变形,板厚方向较难变形。就筒形件拉深来说,筒壁在拉应力作用下不易变薄,不易拉破,而凸缘变形区面上的切向压缩变形和径向伸长容易进行。起皱趋势减小,压边力减小,反过来又使筒壁拉应力减小,使筒形件的拉深极限变形程度增大。同样,对于曲面零件的拉深,$\bar{r}$ 值大,也使板料中间部分变薄量小且不易起皱。因此,$\bar{r}$ 值大也反映了板料抗破裂性和贴模性的提高。

(6)板平面方向性。由于轧制板材时,晶粒在伸长方向被拉长,杂质和偏析物也会定向分布,形成纤维组织,故在板平面上存在塑性各向异性,其程度可用差值 Δr 表示:

$$\Delta r = \frac{1}{2}(r_0 + r_{90}) - r_{45} \tag{1-3}$$

Δr 愈大,方向性愈明显,对冲压成形的影响也愈大。例如弯曲,当弯曲件的折弯线与纤维方向垂直时,允许的极限变形程度就大;而折弯线平行于纤维方向时,允许的变形程度就小。方向性愈强,降低量愈大。如筒形件拉深中,由于板平面方向性使拉深件出现口部不齐的凸耳现象,方向性愈明显,凸耳也愈高。板平面方向性大时,在拉深、翻边、胀形等冲压过程中能够引起毛坯变形的不均匀,其结果不但可以因为局部变形程度过大,而使总体的极限变形程度减小,而且还可能引起壁厚不等而降低冲压件的质量。由此可见,生产上应尽量设法降低板料的 Δr 值。

2) 直接试验 直接试验也称模拟试验,是直接模拟某一类实际成形方式来成形小尺寸的试样。由于应力应变状态基本相同,故试验结果能更确切的反映这类成形方式下板料的冲压成形性能。直接试验方法有多种,下面主要介绍胀形成形性能试验和拉深成形性能试验。

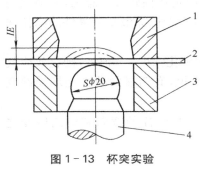

图 1 - 13 杯突实验

1—凸模;2—试样;3—压边圈;4—凸模

(1) 胀形成形性能试验。测定或评价板料胀形成形性能时,广泛应用杯突试验。如图 1 - 13 所示,试样放在凹模与压边圈之间压死,球头凸模向上运动,把试样在凹模内胀成凸包,至凸包破裂时停止试验,并将此时的凸包高度记作杯突试验值 IE,作为胀形性能指标。IE 值愈大,胀形成形性能愈好。

(2) 拉深成形性能试验。测定或评价板料拉深成形性能时,常采用两种试验方法,其中冲杯试验是一种传统的试验方法。冲杯试验采用不同直径的试样(直径级差 1.25 mm),在有压边装置的试验用拉深模中拉深。试验过程中,逐级增大试样直径,测定杯体底部圆角附近不被拉破时的最大试样直径 D_{max},并用下式计算极限拉深比 LDR,作为拉深成形性能指标:

$$LDR = \frac{D_{max}}{d_\Box} \qquad (1 - 4)$$

式中,$d_\Box$ 为凸模直径。LDR 愈大,拉深成形性能愈好。

其他直接试验方法还有弯曲、扩孔、拉深-胀形复合成形性能试验等,具体试验方法可查阅有关标准和手册。

此外,生产中为了解决一些具体问题,例如为了分析材料的流动与变形方式,以便确定合理的毛坯形状和尺寸、修改模具、改进润滑或提出改进制件设计的建议等,常利用应变分析网格法来进行更为直接的工艺试验。这种方法的实质是:在毛坯表面预先做出一定尺寸的小圆圈或小方格的密集网格,压制成形后,观察测定网格的变形,以此作为分析制件变形情况的根据。此法对于成形复杂的关键制件,有直接的实用价值。

❧❧ 思考与练习 ❧❧

1. 什么是冷冲压?

2. 试述冷冲压加工特点及应用情况。

3. 简述曲柄压力机主要技术参数。

4. 高速压力机有何特点?

5. 板材力学性能的指标与冲压成形性能有何关系?

第二章　　冲裁模具设计及案例

【学习目标】

1. 能够对材料冲裁变形进行熟练分析。
2. 熟悉并掌握冲裁模的几种典型结构。
3. 熟练掌握冲裁模的工艺计算方法。
4. 掌握冲裁模主要零部件的设计,了解模具标准应用。
5. 了解精密冲裁模的工艺及设计特点。
6. 掌握冲裁模设计的一般步骤,熟悉、领会冲裁模具设计案例过程。

　　冲裁是冲压工艺的最基本工序之一,在冲压加工中应用极为广泛。它既可以直接冲出成品制件,也可以作为弯曲、拉深和成形等其他工序的坯料,还可以在已成形的制件上进行再加工(切边、切口、冲孔等工序)。

　　冲裁是利用模具使板料沿着一定的轮廓形状产生分离的一种冲压工序。根据冲裁变形机理的差异,冲裁可分为普通冲裁和精密冲裁。通常所说的冲裁是指普通冲裁,包括落料、冲孔、切口、剖切、切边等,其中尤以落料、冲孔应用最多。冲裁所使用的模具称为冲裁模,如落料模、冲孔模、切边模、剖切模等。

　　本章首先对材料冲裁变形进行分析,介绍了冲裁模的典型结构。并重点介绍了冲裁模的工艺计算方法及主要零部件设计。通过本章知识点介绍和相关案例引导,从而使读者掌握冲裁模设计的一般步骤。

第一节　　冲裁变形过程分析

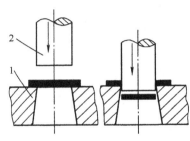

图 2-1　普通冲裁示意图

1—凹模;2—凸模

　　图 2-1 所示为普通冲裁示意图。图中,凹模 1 与凸模 2 具有与制件轮廓一样的刃口。凸、凹模之间存在一定的间隙。当压力机滑块把凸模推下时,便将放在凸、凹模中间的板料冲裁成所需的制件。

　　冲裁变形过程分析的目的,就是通过分析板料在冲裁时的受力情况,掌握冲裁变形机理和变形过程,用于指导编制冲裁工艺和设计模具、控制冲裁件质量。

一、冲裁时板料变形区受力情况

图 2-2 所示为模具对板料进行冲裁时的情形,当凸模下降至与板料接触时,板料受到凸模、凹模端面的作用力。由于凸模、凹模之间存在冲裁间隙,使凸模、凹模施加于板料的力产生一个力矩 M,其值等于凸模、凹模作用的合力与稍大于间隙的力臂 a 的乘积。在无压料板压紧装置冲裁时,力矩使材料产生弯曲,故模具与板料仅在刃口附近的狭小区域内保持接触,接触宽度为板厚的 $0.2\sim0.4$ 倍。并且,凸模、凹模作用于板料垂直压力呈不均匀分布,随着向模具刃口靠近而急剧增大。各作用力说明如下:

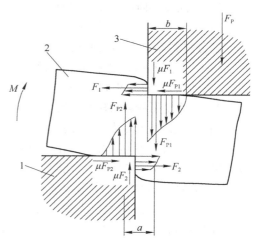

图 2-2　冲裁时作用于板料上的力

1—凹模;2—板料;3—凸模

F_{P1}、F_{P2}——凸模、凹模对板料的垂直作用力;

F_1、F_2——凸模、凹模对板料的侧压力;

μF_{P1}、μF_{P2}——凸模、凹模端面与板料间摩擦力,其方向与间隙大小有关,但一般指向模具刃口;

μF_1、μF_2——凸模、凹模侧面与板料间的摩擦力。

二、冲裁时板料的变形过程

冲裁是分离变形的冲压工序。当凸模、凹模之间的间隙设计合理时,坯料受力后必然从弹性变形开始,进入塑性变形,最后以断裂分离告终。冲裁变形过程如图 2-3 所示。

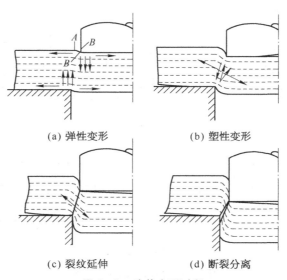

(a) 弹性变形　　　　(b) 塑性变形

(c) 裂纹延伸　　　　(d) 断裂分离

图 2-3　冲裁变形过程

冲裁变形过程的各个阶段如下：

1. 弹性变形阶段(图 2-3a)

由于凸模加压于板料,使板料产生弹性压缩、弯曲和拉伸($AB' > AB$)等变形,板料底面相应部分材料略挤入凹模洞口内。此时,凸模下的板料略有拱弯(锅底形),凹模上的板料略有上翘。间隙越大,拱弯和上翘越严重。在这一阶段中,若板料内部的应力没有超过弹性极限时,当凸模卸载后,板料立即恢复原状。

2. 塑性变形阶段(图 2-3b)

当凸模继续压入,板料内的应力达到屈服极限时,板料开始产生塑性剪切变形。凸模切入板料并将下部板料挤入凹模孔内,形成光亮的剪切断面。同时,因凸模、凹模间存在间隙,故伴随着弯曲与拉伸等变形(间隙愈大,变形亦愈大),在板料剪切面的边缘形成圆角。随着凸模的不断压入,材料的变形程度不断增加,同时硬化加剧,变形抗力也不断上升,冲裁力也相应增大,刃口附近产生应力集中,最后在凸模和凹模的刃口附近,达到最大值(板料的抗剪强度)时,材料产生微小裂纹,这就意味着破坏开始,塑性变形结束。

3. 断裂分离阶段(图 2-3c、d)

裂纹产生后,此时凸模仍然继续压入材料,已形成的微裂纹向材料内部延伸,当上、下裂纹相遇重合时,板料就被分离。在断面上形成一个粗糙的区域。当凸模再下行,凸模将冲落部分全部挤入凹模洞口,冲裁过程到此结束。

三、冲裁件质量

冲裁件的质量是指断面质量、尺寸精度和形状误差。断面尽可能垂直、光滑、毛刺小。尺寸精度应保证在图样规定的公差范围之内;制件外形应该满足图样要求,表面尽可能平直。

1. 断面质量及其影响因素

1) 断面组成　冲裁件正常的断面特征如图 2-4 所示。冲裁件断面由圆角带、光亮带、断裂带和毛刺四个特征区组成。

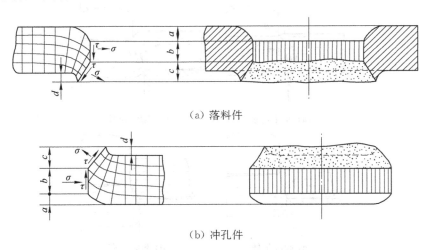

(a) 落料件

(b) 冲孔件

图 2-4　冲裁件的断面特征

a—圆角带;b—光亮带;c—断裂带;d—毛刺

（1）圆角带。该区域的形成主要是当凸模刃口刚压入板料时，刃口附近的材料产生弯曲和伸长变形，材料被带进模具间隙的结果。

（2）光亮带。该区域发生在塑性变形阶段，当刃口切入板料后，板料与模具侧面挤压而形成光亮垂直的断面，通常占全断面的 $1/3 \sim 1/2$。

（3）断裂带。该区域在断裂阶段形成，是由于刃口处产生的微裂纹在拉应力的作用下，不断扩展而形成的撕裂面。其断面粗糙，且带有斜度。

（4）毛刺。毛刺的形成是由于在塑性变形阶段后期，凸模和凹模的刃口切入被加工板料一定深度时，刃口正面材料被压缩，刃尖部分处于高静水压应力状态，使微裂纹的起点不会在刃尖处发生，而是在模具侧面距刃尖不远的地方发生，在拉应力的作用下，裂纹加长，材料断裂而产生毛刺。在普通冲裁中，毛刺是不可避免的。

2）断面质量的影响因素　在四个特征区中，光亮带剪切面的质量最佳。各个部分在整个断面上所占的比例，随材料的性能、厚度、模具冲裁间隙、刃口状态及摩擦等条件的不同而变化。断面质量的影响因素包括以下几个方面：

（1）材料性能对断面质量的影响。对于塑性较好的材料，冲裁时裂纹出现得较迟，因而材料剪切的深度较大，所以得到的光亮带所占比例大，圆角和穹弯较大，断裂带较窄。而塑性差的材料，当剪切开始不久材料便被拉裂，光亮带所占比例小，圆角小，穹弯小，大部分是带有斜度的粗糙断裂带。

（2）模具冲裁间隙大小对断面质量的影响。冲裁间隙是指冲裁模中凸模和凹模刃口横向尺寸的差值，双面间隙用 Z 表示，单面间隙为 $Z/2$（图 2 - 5）。间隙值的大小，影响冲裁时上、下形成的裂纹会合；影响变形应力的性质和大小。

由冲裁变形过程的分析可知，在具有合理间隙的冲裁条件下，由凸模和凹模刃口所产生的裂纹重合。所得冲裁件断面有一个微小的圆角，并有正常的既光亮又与板平面垂直的光亮带，其断裂带虽然粗糙但比较平坦，虽有斜度但并不大，所产生的毛刺也是不明显的。

当间隙过大或过小时，就会使上、下裂纹不能重合。

如间隙过大，如图 2 - 5a 所示，使凸模产生的裂纹相对于凹模产生的裂纹向里移动一个距离。板料受拉

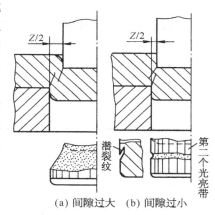

（a）间隙过大　（b）间隙过小

图 2 - 5　间隙对断面质量的影响

伸、弯曲的作用加大，使剪切断面圆角加大，光亮带的高度缩短，断裂带的高度增加，锥度也加大，有明显的拉断毛刺，冲裁件平面可能产生穹弯现象。

如间隙过小，如图 2 - 5b 所示，会使凸模产生的裂纹向外移动一个距离。上、下裂纹不重合，产生第二次剪切，从而在剪切面上形成了略带倒锥的第二个光亮带。在第二个光亮带下面存在着潜伏的裂纹。由于间隙过小，板料与模具的挤压作用加大，在最后被分离时，冲裁件上有较尖锐的挤出毛刺。

由上述可知，观察与分析断面质量是判断冲裁过程是否合理、冲模的工作情况是否正常的主要手段。

（3）模具刃口状态对断面质量的影响。刃口状态对冲裁断面质量有较大影响。当模具

刃口磨损成圆角时,挤压作用增大,则冲裁件圆角和光亮带增大。钝的刃口,即使间隙选择合理,也会在冲裁件上产生较大毛刺。凸模钝时,落料件产生较大毛刺;凹模钝时,冲孔件产生较大毛刺,如图2-6所示。若产品要求不允许存在微小毛刺,则在冲裁后应增加去除毛刺的辅助工序。正常冲裁中毛刺的允许高度见表2-1。

(a) 凹模磨钝   (b) 凸模磨钝   (c) 凸、凹模均磨钝

图2-6   模具刃口状态对断面质量的影响

表2-1   正常冲裁中毛刺的允许高度   (mm)

料厚	生产时	试模时	料厚	生产时	试模时
<0.3 0.5~1	≤0.05 ≤0.10	≤0.015 ≤0.03	1.5~2.0	≤0.15	≤0.05

2. 影响冲裁件尺寸精度的主要因素

1)冲模的制造精度   冲模的制造精度对冲裁件的尺寸精度有直接影响。冲模的精度愈高,冲裁件的精度亦愈高。表2-2所示为当冲模具有合理间隙与锋利刃口时,其制造精度与冲裁件精度的关系。

表2-2   冲裁件的精度

冲模制造精度	材料厚度 t/(mm)											
	0.5	0.8	1.0	1.6	2	3	4	5	6	8	10	12
IT6~IT7	IT8	IT8	IT9	IT10	IT10	—	—	—	—	—	—	—
IT7~IT8	—	IT9	IT10	IT10	IT12	IT12	IT12	—	—	—	—	—
IT9	—	—	—	IT12	IT12	IT12	IT12	IT12	IT14	IT14	IT14	IT14

2)材料性能   由于冲裁过程中材料产生一定的弹性变形,冲裁件产生"回弹"现象,使冲裁件的尺寸与凸模和凹模尺寸不符,从而影响其精度。

材料的性能对该材料在冲裁过程中的弹性变形量有很大的影响。对于比较软的材料,弹性变形量较小,冲裁后的回弹值也少,因而制件精度较高。而硬的材料,情况正好与此相反。

3)冲裁间隙   冲裁间隙对于冲裁件精度也有很大的影响。当间隙适当时,在冲裁过程中,板料的变形区在比较纯的剪切作用下被分离,冲裁后的回弹较小,冲裁件相对凸模和凹模尺寸的偏差也较小。

如间隙过大,板料在冲裁过程中除受剪切外还产生较大的拉伸与弯曲变形。冲裁后由于回弹的作用,将使冲裁件的尺寸向实体方向收缩。对于落料件,其尺寸将会小于凹模尺寸,对于冲孔件,其尺寸将会大于凸模尺寸。

如间隙过小,则板料的冲裁过程中除剪切外会受到较大的挤压作用。在冲裁后同样由于回弹作用,将使冲裁件的尺寸向实体的反方向胀大。对于落料件,其尺寸将会大于凹模尺寸,对于冲孔件,其尺寸将会小于凸模尺寸。

3. 冲裁件的形状误差

冲裁件的形状误差是指翘曲、扭曲、变形等缺陷。冲裁件呈曲面不平现象称为翘曲。它是由于间隙过大、弯矩增大、变形拉伸和弯曲成分增多而造成的,另外材料的各向异性和卷料未校正也会产生翘曲。冲裁件呈扭歪现象称为扭曲。它是由于材料不平、间隙不均匀、凹模后角对材料摩擦不均匀等造成的。

由上述可知,用普通冲裁方法所能得到的冲裁件,其尺寸精度与断面质量都不太高。金属冲裁件所能达到的经济精度为 IT14～IT10 级,要求高的可达到 IT10～IT8 级。厚料比薄料更差。若要进一步提高冲裁件的质量,则要在冲裁后加整修工序或采用精密冲裁法。

第二节　冲裁模典型结构

在冲压生产中,冲裁所用的模具称为冲裁模。

一、冲裁模结构组成

任何一副冲裁模的基本结构,都可看作由上模和下模两部分组成,其组成零件按用途又可以分成两大类:

1. 工艺零件

工艺零件直接参与完成冲压工艺过程并和坯料直接发生作用。工艺零件包括工作零件,定位零件,压料、卸料及出件零件。

2. 结构零件

结构零件不直接参与完成工艺过程,也不和坯料直接发生作用,只对模具完成工艺过程起保证作用或对模具的功能起完善作用。结构零件包括导向零件、固定零件、紧固及其他零件。

冲裁模零件的分类及其作用,见表 2-3。

表 2-3　冲裁模零件的分类及其作用

零件种类			零件名称	零件作用
模具结构	工艺零件	工作零件	凸模 凹模 凸凹模	直接对坯料进行加工的成形零件
		定位零件	挡料销、导正销 定位销(定位板) 导料板、导料销 侧压板、承料板 侧刃	确定冲压加工中毛坯或工序件正确位置的零件

零件种类			零件名称	零件作用
模具结构	工艺零件	压料、卸料及出件零件	卸料板 压料板 顶件板 推件板 废料切刀	使制件与废料得以出模,保证顺利实现正常冲压生产的零件
	结构零件	导向零件	导柱 导套 导板 导筒	保证上、下模之间的正确相对位置,以保证冲压精度
		固定零件	上、下模座 模柄 凸、凹模固定板 垫板 限位支撑装置	承装模具零件或将模具安装固定到压力机上
		紧固及其他零件	螺钉 销钉 键 弹簧 其他零件	模具零件之间的相互连接件等,销钉起定位作用

二、冲裁模分类

冲裁模的分类方法很多,不同的分类方法从不同的角度,反映了模具结构的不同特点。下面介绍几种常用的分类方法:

按工序的性质,可分为落料模、冲孔模、切断模、切口模、剖切模和切边模等;

按工序的组合方式,可分为单工序模、复合模和级进模;

按模具上、下模的导向方式,可分为无导向的开式模和有导向的导板模、导柱模、滚珠导柱模、导筒模等;

按凸、凹模的布置方法,可分为正装模和倒装模;

按模具的卸料方法,可分为刚性卸料模和弹性卸料模。

三、单工序冲裁模典型结构

单工序模(又称简单模)是指压力机在一次行程中完成一道工序的冲裁模。以下分别介绍落料模和冲孔模的典型结构。

1. 落料模典型结构

落料模结构形式主要有无导向的敞开式落料模、导板式落料模、导柱式落料模。

图2-7所示是一副简单落料模,模柄和上模座做成一体,凸模和凹模之间间隙依靠压力机的精度保证,采用刚性卸料板进行卸料。适合于进行精度要求不高、坯料厚度较大的制件的冲裁。

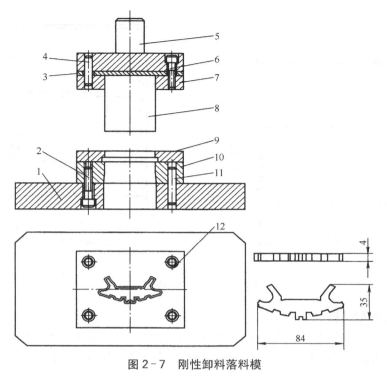

图2-7　刚性卸料落料模

1—下模座；2、6、12—圆柱头内六角螺钉；3—垫板；4—圆柱销；5—上模座；7—凸模固定板；8、11—凸模；9—刚性卸料板；10—凹模

用导柱、导套进行导向，导向可靠，精度高，寿命长，使用安装方便，所以在成批、大量生产中广泛采用导柱式冲裁模。

图2-8为导柱式落料模，这副模具用于完成图2-9中(a)图所示制件的落料。排样设计如图2-9中(b)图所示。采用了由卸料板16、橡皮15与卸料用圆柱头内六角螺钉6和螺母5组成的弹性卸料装置，在冲压过程中不论对条料还是冲裁件均有良好的压平作用，所以冲出的制件表面比较平整，质量较好，特别适合于冲裁厚度较薄、材质较软的冲裁件。为了不妨碍弹性卸料的压平作用，在卸料板上对应于落料凹模面上安装导料板1及固定导料板用的六角螺栓2和垫圈4的相应位置上开有缺口。

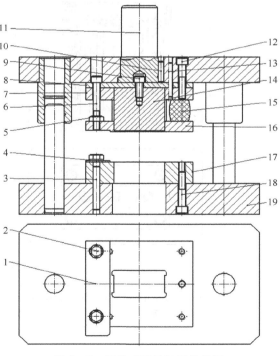

图2-8　导柱式弹性卸料落料模

1—导料板；2—六角螺栓；3、10、13—圆柱销；4—垫圈；5—螺母；6、9、12、18—圆柱头内六角螺钉；7—凸模固定板；8—垫板；11—模柄；14—凸模；15—橡皮；16—卸料板；17—凹模；19—中间导柱模架

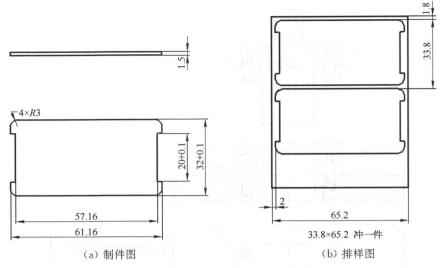

（a）制件图 （b）排样图

图 2-9 制件图和排样图

2. 冲孔模典型结构

图 2-10 所示冲孔模结构紧凑,用来冲两个圆孔和一个异形孔。用定位板对制件外形进行定位。上、下模之间导向采用小导柱、导套进行。卸料板起压料、卸料和导正作用。

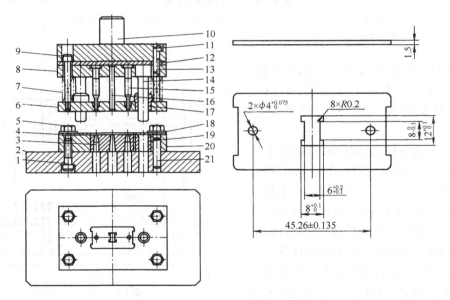

图 2-10 冲孔模

1、13—圆柱头内六角螺钉;2—下模座;3—凹模镶块;4—定位板;5—六角螺栓;6—卸料板;7—弹簧;8—凸模固定板;9—卸料螺钉;10—上模座;11、21—圆柱销;12—垫板;14—导柱;15—圆形凸模;16—异形凸模;17、19—导套;18—垫圈;20—凹模固定板

四、复合冲裁模典型结构

复合模是指在压力机的一次行程中,在同一位置上,同时完成两道及两道以上工序的冲

模。由于复合模要在同一位置上完成几道工序,因此它必须在同一位置上布置几套凸、凹模。对于复合模,如何合理地布置这几套凸、凹模,是其要解决的主要问题。

图 2-11 所示为冲孔落料复合模的基本结构,在模具的一方(指上模或下模)外面装着落料凹模,中间装着冲孔凸模,而在另一方,则装着凸凹模(这是在复合模中必有的零件,其外形是落料凸模、其内孔是冲孔凹模,故称此零件为凸凹模)。将落料凹模装在上模上,称为倒装复合模;反之,则称为正装复合模。

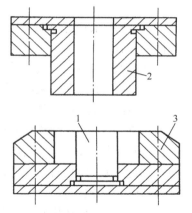

图 2-11　冲孔落料复合模的基本结构
1—冲孔凸模;2—凸凹模;3—落料凹模

1. 倒装复合模典型结构

图 2-12 是一副落料冲孔倒装复合模的典型结构。冲裁制件如图 2-13 所示,排样同图 2-9(b)。装在上模部分的有落料凹模 7 与冲孔凸模 8,通过上固定板 16、垫板 9,用螺钉 10 与圆柱销 14 与上模座固定在一起。装在下模部分的凸凹模 3 通过下固定板 2 与下模座固定在一起。

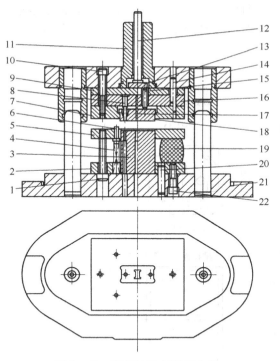

图 2-12　落料冲孔倒装复合模

1—卸料螺钉;2—下固定板;3—凸凹模;4—弹簧;5—卸料板;6—活动导料销;7—落料凹模;8—冲孔凸模;9—垫板;10、22—内六角螺钉;11—模柄;12—打件棒;13—打板;14、20—圆柱销;15—顶杆;16—上固定板;17—异形凸模;18—顶件板;19—橡皮;21—中间导柱滑动模架

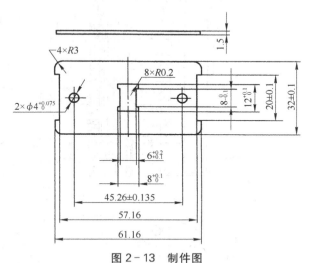

图 2-13　制件图

上、下模采用导柱导套导向,导柱布置在中间的两侧。为防止使用时模具装反,把两个导柱的直径大小做成不一样。

在冲裁后,为了完成顶件与卸料,在上模部分还装有打件棒 12、打板 13、顶杆 15 与顶件板 18 组成的刚性顶件系统,而在下模部分则装有卸料板 5、卸料螺钉 1 与橡皮 19 组成的弹性卸料系统。冲裁时,弹性卸料板先压住条料起校平作用。继续下行时,落料凹模将弹性卸料板压下,套入落料凸模中,冲孔凸模也进入冲孔凹模孔中,于是同时完成冲孔与落料,制件留在落料凹模 7 内。当上模回程时,弹性卸料板在橡皮作用下将条料从凸凹模上卸下,上模即将到达上止点时,打件棒 12 受到压力机横杆的推动,通过打板 13、顶杆 15 与顶件板 18 将制件从落料凹模中自上而下顶出,冲孔废料则直接由凸凹模孔中漏到压力机台面下。

冲裁时,条料在模具上定位是采用布置在左侧的两个活动导料销 6 控制送料方向,中间可以采用一个活动挡料销控制送料步距。

2. 正装复合模典型结构

图 2-14 为正装复合模,凸凹模装在上模,落料凹模和冲孔凸模装在下模。工作时,条料靠导料销和挡料销定位。落下的制件卡在落料凹模内,由顶件装置顶出。顶件装置由带肩顶杆和顶件板及装在下模座底下的弹顶器组成。冲孔废料卡在凸凹模孔内,当上模回程到上止点时,由上模中的刚性顶件装置(打件棒、打板、顶杆组成)顶出。每冲裁一次,冲孔废料被顶出一次,凸凹模孔内不容易积存废料,因而胀裂力小。但冲孔废料落在下模工作面上,清除麻烦。

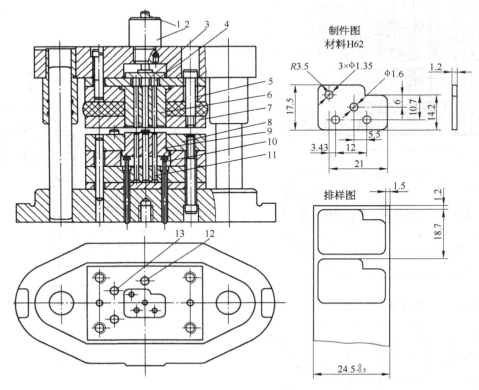

图 2-14 正装复合模

1—打件棒;2—模柄;3—打板;4—顶杆;5—卸料螺钉;6—凸凹模;7—卸料板;8—落料凹模;9—顶件板;
10—带肩顶杆;11—冲孔凸模;12—挡料销;13—导料销

3. 倒、正装复合模对比分析

倒装复合模的冲孔废料可直接排出,结构简单,冲出的制件卡在上模的落料凹模和冲孔凸模中,制件需用顶件板顶出。正装复合模工作时,板料是在完全压紧的状态下分离的,因而冲出的制件平整度更高。正装复合模每冲裁一次,冲孔废料被顶出一次,凸凹模孔内不易积存废料,可以冲裁孔边距更小的制件。但正装复合模每次冲压后,制件和冲孔废料均需从冲模工作面上清除出,造成了冲压工作的安全隐患,也影响了生产率。倒装复合模相对正装复合模生产率高,制造比较简单,但要注意防止冲孔废料积存胀裂模具。

五、级进冲裁模典型结构

图 2-15 所示的模具用于冲压如图 2-16 所示的制件,排样设计如图 2-17 所示。这是一副典型的级进模,采用了侧刃 4 进行定位,最后切断,完成整个制件的冲压。本模具采用弹性卸料装置,有良好的压料作用,卸料板工作时由小导柱 3 导向,所以运动平稳,兼具有导正作用。

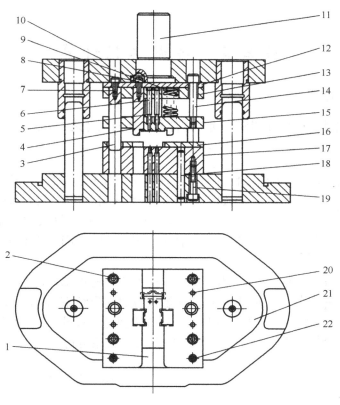

图 2-15　衔铁级进模

1—板;2、7、8、19、22—内六角螺钉;3—小导柱;4—侧刃;5—切断凸模;6—冲孔凸模;9—弹簧;10、18、20—圆柱销;11—模柄;12—垫板;13—固定板;14—卸料螺钉;15—卸料板;16—导料板;17—凹模;21—中间导柱模架

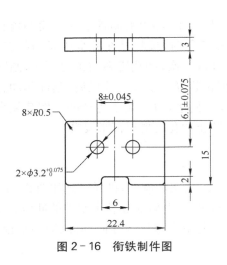

图 2-16　衔铁制件图

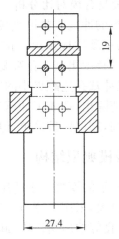

图 2-17　衔铁排样图

第三节　冲裁工艺计算

一、冲裁间隙计算

冲裁间隙是指冲裁凸模和凹模之间工作部分的横向尺寸之差,即

$$Z = D_凹 - D_凸 \tag{2-1}$$

式中,Z 为冲裁间隙;$D_凹$ 为凹模工作部分尺寸;$D_凸$ 为凸模相应工作部分尺寸。

如无特殊说明,冲裁间隙一般是指双面间隙。

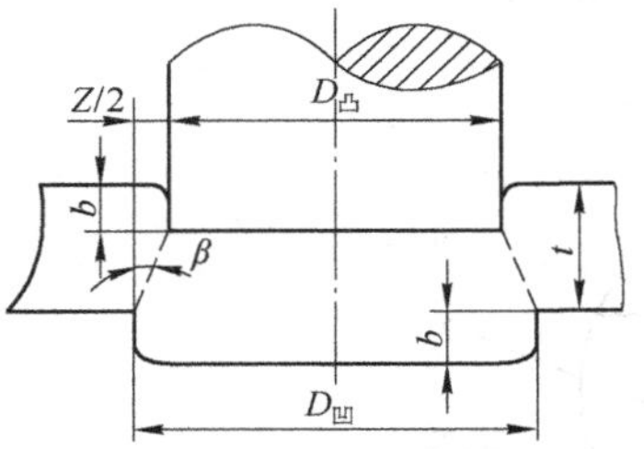

冲裁间隙对冲裁过程有着很大的影响,对冲裁件的质量起着决定性的作用。另外,间隙对模具寿命也有较大的影响。

由冲裁变形过程的分析可知,决定合理间隙值的理论依据是应保证在塑性剪切变形结束后,由凸模和凹模刃口处所产生的上、下剪切裂纹重合,如图 2-18 所示。

图 2-18　合理间隙的理论值

由图 2-18 的几何关系可得

$$Z = 2(t-b)\tan\beta = 2t\left(1 - \frac{b}{t}\right)\tan\beta \tag{2-2}$$

式中,t 为板料厚度。b/t 为产生裂纹时,凸模压入板料的相对深度(即光亮带的相对宽度)。β 为最大切应力方向与垂线间的夹角;软钢 $\beta=5°\sim6°$,中硬钢 $\beta=4°\sim5°$,硬钢 $\beta=4°$。

由上式可以看出,合理间隙值取决于 t、b/t、β 等三个因素。由于 β 值的变化不大,所以,影响合理间隙值的大小主要取决于前两个因素,即影响间隙值的主要因素是板料厚度和材料性质。

板料厚度增大,间隙数值应呈正比增大。反之,板料愈薄则间隙愈小。

　　材料塑性好，光亮带所占的相对宽度 b/t 大，间隙数值就小。而塑性差的硬材料，间隙数值就大一些。另外，b/t 还与板料的厚度有关。对同一种材料来说，薄料冲裁的 b/t 比厚料冲裁的 b/t 大，因此，薄料冲裁的间隙值更要小一些。

　　综合上述两个因素的影响可以看出，材料厚度对间隙的综合影响并不是简单的正比关系。但是，可以概括地说，板料愈厚，塑性愈差，则间隙愈大；材料愈薄，塑性愈好，则间隙愈小。

　　在实际生产中，由于冲裁间隙对断面质量、制件的尺寸精度、模具寿命、冲裁力等的影响规律并非一致，所以，并不存在一个绝对的合理间隙数值，能同时满足断面质量最佳、尺寸精度最高、模具寿命最长、冲裁力最小等各方面的要求。所以，国内、外各厂所用的间隙值不太一致，有的出入很大。在确定间隙值大小的具体数值时，应结合冲裁件的具体要求和实际的生产条件来考虑。其总的原则应该是在保证满足冲裁件剪切断面质量和尺寸精度的前提下，使模具寿命最长。

　　表 2-4～表 2-6 分别给出汽车拖拉机、机电、电器仪表产品的冲裁双面间隙。另推荐冲裁间隙表，见表 2-7。

表 2-4　汽车拖拉机行业用冲裁模初始双面间隙　　　　　（mm）

材料厚度 t	08、10、35、09Mn、Q235		16Mn		40、50		65Mn	
	z_{min}	z_{max}	z_{min}	z_{max}	z_{min}	z_{max}	z_{min}	z_{max}
0.5	0.04	0.06	0.04	0.06	0.04	0.06	0.04	0.06
0.8	0.07	0.10	0.07	0.10	0.07	0.10	0.06	0.09
1.0	0.10	0.14	0.10	0.14	0.10	0.14	0.09	0.13
1.2	0.13	0.18	0.13	0.18	0.13	0.18		
1.5	0.14	0.24	0.17	0.24	0.17	0.23		
2.0	0.25	0.36	0.26	0.38	0.26	0.38		
2.5	0.36	0.50	0.38	0.54	0.38	0.54		
3.0	0.46	0.64	0.48	0.66	0.48	0.66		
3.5	0.54	0.74	0.58	0.78	0.58	0.78		
4.0	0.64	0.88	0.68	0.92	0.68	0.92		
4.5	0.72	1.00	0.68	0.96	0.78	1.04		
6.0	1.08	1.44	0.84	1.20	1.14	1.50		
8.0			1.20	1.68				

表 2-5　机电行业用冲裁模初始双面间隙　　　　　　　　　　（mm）

材料厚度 t	T8、45		Q235		08F、10、15 H62、T1、T2、T3		1060、1050A、1035、1200	
	z_{min}	z_{max}	z_{min}	z_{max}	z_{min}	z_{max}	z_{min}	z_{max}
0.35	0.03	0.05	0.02	0.05	0.01	0.03		
0.50	0.04	0.08	0.03	0.07	0.02	0.04	0.02	0.03
0.80	0.09	0.12	0.06	0.10	0.04	0.07	0.025	0.045
1.0	0.11	0.15	0.08	0.12	0.05	0.08	0.04	0.06
1.2	0.14	0.18	0.10	0.14	0.07	0.10	0.05	0.07
1.5	0.19	0.23	0.13	0.17	0.08	0.12	0.06	0.10
2.0	0.28	0.32	0.20	0.24	0.13	0.18	0.08	0.12
2.5	0.37	0.43	0.25	0.31	0.16	0.22	0.11	0.17
3.0	0.48	0.54	0.33	0.39	0.21	0.27	0.14	0.20
3.5	0.58	0.65	0.42	0.49	0.25	0.33	0.18	0.26
4.0	0.68	0.76	0.52	0.60	0.32	0.40	0.21	0.29
4.5	0.79	0.88	0.64	0.72	0.38	0.46	0.26	0.34
5.0	0.90	1.0	0.75	0.85	0.45	0.55	0.30	0.40
6.0	1.16	1.26	0.97	1.07	0.60	0.70	0.40	0.50
8.0	1.75	1.87	1.46	1.58	0.85	0.97	0.60	0.72
10.0	2.44	2.56	2.04	2.16	1.14	1.26	0.80	0.92

表 2-6　电器仪表行业用冲裁模初始双面间隙　　　　　　　　（mm）

材料厚度 t	铝		紫铜、黄铜 钢 10、15、Q235		钢 25、35、40 硬铝		钢 45、50、55	
	z_{min}	z_{max}	z_{min}	z_{max}	z_{min}	z_{max}	z_{min}	z_{max}
0.2	0.008	0.012	0.010	0.014	0.012	0.016	0.014	0.018
0.3	0.012	0.018	0.015	0.021	0.018	0.024	0.021	0.024
0.4	0.016	0.024	0.020	0.028	0.024	0.032	0.028	0.036
0.5	0.02	0.03	0.025	0.035	0.03	0.04	0.035	0.045
0.6	0.024	0.036	0.030	0.042	0.036	0.048	0.042	0.054
0.8	0.032	0.048	0.04	0.056	0.05	0.064	0.05	0.07
1.0	0.04	0.06	0.05	0.07	0.06	0.08	0.07	0.09
1.2	0.06	0.08	0.07	0.10	0.08	0.11	0.10	0.12
1.5	0.08	0.11	0.09	0.12	0.11	0.14	0.12	0.15
2.0	0.10	0.14	0.12	0.16	0.14	0.18	0.16	0.20

续表

材料厚度 t	铝		紫铜、黄铜钢 10、15、Q235		钢 25、35、40 硬铝		钢 45、50、55	
	z_{min}	z_{max}	z_{min}	z_{max}	z_{min}	z_{max}	z_{min}	z_{max}
2.5	0.15	0.20	0.18	0.23	0.20	0.25	0.23	0.28
3.0	0.18	0.24	0.21	0.27	0.24	0.30	0.27	0.33
4.0	0.28	0.36	0.32	0.40	0.36	0.44	0.40	0.48
5.0	0.35	0.45	0.40	0.50	0.45	0.55	0.50	0.60
6.0	0.48	0.60	0.54	0.66	0.60	0.72	0.66	0.78
8.0	0.72	0.88	0.80	0.96	0.88	1.04	0.96	1.12
10.0	0.9	1.1	1.0	1.2	1.1	1.3	1.2	1.4

表 2-7　推荐冲裁间隙(一般冲压精度的金属材料)

材料厚度 t(mm)	材料极限强度 σ_b(MPa)							
	≤200		>200～400		>400～500		>600,淬火硬度45～50 HRC	
	Z(双面间隙)							
	%t	mm	%t	mm	%t	mm	%t	mm
0.1	3～5	0.003～0.005	5～7	0.005～0.007	7～9	0.007～0.009	10～12	0.01～0.012
0.2		0.006～0.01		0.01～0.014		0.014～0.018		0.02～0.024
0.3		0.009～0.015		0.015～0.021		0.021～0.027		0.03～0.036
0.4		0.012～0.02		0.02～0.028		0.028～0.036		0.04～0.048
0.5		0.015～0.025		0.025～0.035		0.035～0.045		0.05～0.06
0.6	4～6	0.024～0.036	6～8	0.036～0.048	8～10	0.048～0.06	11～13	0.066～0.078
0.8		0.032～0.048		0.048～0.064		0.064～0.08		0.088～0.104
1.0		0.04～0.06		0.06～0.08		0.08～0.10		0.11～0.13
1.2		0.048～0.072		0.072～0.096		0.096～0.12		0.132～0.156
1.5		0.06～0.09		0.09～0.12		0.12～0.15		0.165～0.195
1.8	5～7	0.09～0.126	7～9	0.126～0.162	9～11	0.162～0.198	12～14	0.216～0.252
2.0		0.10～0.14		0.14～0.18		0.18～0.22		0.24～0.28
2.5		0.125～0.175		0.175～0.225		0.225～0.275		0.30～0.35
3.0		0.15～0.21		0.21～0.27		0.27～0.33		0.36～0.42

续表

材料厚度 t (mm)	材料极限强度 σ_b (MPa)							
	≤200		>200~400		>400~500		>600,淬火硬度 45~50 HRC	
	Z (双面间隙)							
	%t	mm	%t	mm	%t	mm	%t	mm
3.5	7~10	0.245~0.35	9~12	0.315~0.42	11~14	0.385~0.49	14~16	0.49~0.56
4.0		0.28~0.40		0.36~0.48		0.44~0.56		0.56~0.64
4.5		0.315~0.45		0.405~0.54		0.495~0.63		0.63~0.72
5.0		0.35~0.50		0.45~0.60		0.55~0.70		0.70~0.80
6.0	10~13	0.6~0.78	12~15	0.72~0.90	14~17	0.84~1.02	17~20	1.02~1.20
7.0		0.7~0.91		0.84~1.05		0.98~1.19		1.19~1.40
8.0		0.80~1.04		0.96~1.20		1.12~1.36		1.36~1.60
9.0		0.90~1.17		1.08~1.35		1.26~1.53		1.53~1.80
10.0		1.0~1.30		1.20~1.50		1.40~1.70		1.70~2.0

二、凸模和凹模刃口尺寸计算基本原则和方法

1. 凸、凹模刃口尺寸计算的基本原则

影响冲裁件尺寸精度的首要因素是模具刃口尺寸的精度,模具的合理间隙值需要模具刃口尺寸及其制造公差来保证。

1) 从冲裁断面特征所进行的分析

(1) 光亮带的横向尺寸等于模具工作零件的刃口尺寸,即落料件的尺寸等于凹模刃口尺寸,冲孔件的尺寸等于凸模刃口尺寸。

(2) 由于凸、凹模在冲裁时要与被冲裁材料发生摩擦而磨损,造成凸、凹模之间间隙值逐渐变大。

2) 在确定凸、凹模刃口尺寸和制造公差时需要遵循的原则

(1) 落料时,落料件尺寸取决于凹模刃口尺寸;冲孔时,孔尺寸取决于凸模刃口尺寸。在计算落料模时,以凹模为基准,间隙取在凸模上。在计算冲孔模时,以凸模为基准,间隙取在凹模上。

(2) 在设计时,考虑凸、凹模在冲裁时的磨损趋向,为确保制件的质量,凸、凹模基本尺寸的确定,应该结合其制件公差范围,取磨损趋向的始端或接近于始端。凸、凹模间隙取最小合理间隙值。

(3) 确定冲模刃口制造公差时,应考虑制件的公差要求。如果模具制造公差过小,会增加模具制造的成本和难度;如果模具制造公差过大,会降低模具的使用寿命,或生产的制件可能不符合图样要求。

2. 凸、凹模刃口尺寸计算的基本方法

1) 确定凸、凹模刃口的名义尺寸　根据凸、凹模刃口的磨损规律,刃口尺寸发生变化,存

在磨损后增大、减小和不变的三种情况。

落料时,制件成形于凹模。首先确定凹模刃口尺寸,把间隙放在凸模上。凹模磨损后刃口尺寸增大的尺寸称为 A 类尺寸,凹模磨损后刃口尺寸减小的尺寸称为 B 类尺寸,凹模磨损后刃口尺寸不变的尺寸称为 C 类尺寸。

冲孔时,制件成形于凸模。首先确定凸模刃口尺寸,把间隙放在凹模上。凸模磨损后刃口尺寸增大的尺寸称为 A 类尺寸,凸模磨损后刃口尺寸减小的尺寸称为 B 类尺寸,凸模磨损后刃口尺寸不变的尺寸称为 C 类尺寸。

落料、冲孔时,凸、凹模刃口尺寸计算公式分别见表 2-8 和表 2-9。

表 2-8 落料时凸、凹模刃口尺寸计算公式

凹模磨损后刃口尺寸变化	凹模尺寸	凸模尺寸
增大	$A_凹 = (A_{\max} - \chi\Delta)^{+\delta_凹}$	$A_凸 = (A_凹 - Z_{\min})_{-\delta_凸}$
减小	$B_凹 = (B_{\min} + \chi\Delta)_{-\delta_凹}$	$B_凸 = (B_凹 + Z_{\min})^{+\delta_凸}$
不变	$C_凹 = (C_{\min} + \Delta/2) \pm \frac{1}{2}\delta_凹$	$C_凸 = C_凹 \pm \delta_凸/2$

表 2-9 冲孔时凸、凹模刃口尺寸计算公式

凸模磨损后刃口尺寸变化	凸模尺寸	凹模尺寸
增大	$A_凸 = (A_{\max} - \chi\Delta)^{+\delta_凸}$	$A_凹 = (A_凸 - Z_{\min})_{-\delta_凹}$
减小	$B_凸 = (B_{\min} + \chi\Delta)_{-\delta_凸}$	$B_凹 = (B_凸 + Z_{\min})^{+\delta_凹}$
不变	$C_凸 = (C_{\min} + \Delta/2) \pm \frac{1}{2}\delta_凸$	$C_凹 = C_凸 \pm \delta_凹/2$

上二表式中,$A_凹$、$A_凸$、$B_凹$、$B_凸$、$C_凹$、$C_凸$ 分别为落料凹模和凸模或冲孔凸模和凹模刃口的公称尺寸(mm);$A_{\max}$、$B_{\min}$、$C_{\min}$ 为制件的极限尺寸(mm);Δ 为制件的公差(mm);$\delta_凹$、$\delta_凸$ 分别为凹模和凸模刃口尺寸的制造公差(mm);χ 为磨损系数。

当需一次冲出制件上孔心距为 $L \pm \Delta/2$ 的孔时,凹模型孔中心距 $L_凹 = L \pm \Delta/8$。

不是所有制件都会同时出现上述刃口尺寸发生变化的三种情况,需视制件形状的复杂程度及尺寸标注方式而定。例如,简单形状圆形、矩形制件的落料,仅有凹模磨损后刃口尺寸增大的尺寸即 A 类尺寸;简单形状圆形、矩形制件的冲孔,仅有凸模磨损后刃口尺寸减小的尺寸即 B 类尺寸。

 小贴士

有些冲裁件的外形轮廓采用分段多次冲切加工成形,这里名义上是落料,但其工艺实质是冲孔,应该按冲孔时凸、凹模刃口尺寸计算。

---

2)确定凸、凹模刃口的磨损量 根据冲模在使用过程中的磨损规律,按制件精度和刃口磨损程度,刃口磨损量应控制在制件公差范围内的 0.5~1 之间。

刃口的磨损量用 $\chi\Delta$ 表示,其中 Δ 为制件的公差值,χ 为磨损系数,其值在 0.5～1 之间。根据制件的精度等级,可按下列关系选取:

制件精度 IT14,$\chi=0.5$;

制件精度 IT13～IT11,$\chi=0.75$;

制件精度 IT10 以上,$\chi=1$。

在生产实际中,习惯上根据冲制件的大部分精度等级简化地选取同一磨损系数。这样,在不影响冲制件质量前提下,可以加快设计进度。

3) 确定凸、凹模刃口尺寸的制造公差 凸模和凹模的加工方法,基本上可以分为分开加工与配制加工两类。两种加工方法的制造公差通常都是按入体标注法标注为单向公差,磨损后刃口尺寸不变的制造公差由双向偏差组成。

(1) 凸模和凹模分开加工。这种方法主要适用于冲裁圆形、矩形等简单形状制件的模具,在精度要求较高的级进模设计中也有采用此方法的实例。设计时,需要在图纸上对凸模和凹模刃口尺寸及制造公差分别明确标注。此时,模具制造公差与冲裁间隙之间必须满足下列条件:

$$|\delta_{凸}|+|\delta_{凹}|\leqslant Z_{max}-Z_{min} \tag{2-3}$$

式中,$\delta_{凸}$、$\delta_{凹}$ 分别为凸模、凹模制造公差(mm);Z_{max}、Z_{min} 分别为凸、凹模间最大、最小合理间隙(mm)。按加工的难易程度,一般取 $\delta_{凸}=0.4(Z_{max}-Z_{min})$、$\delta_{凹}=0.6(Z_{max}-Z_{min})$。

(2) 凸模和凹模配制加工。这种方法就是先按尺寸和制造公差加工凸模或凹模中的一个,然后把此作为基准件按最小合理间隙配制加工另一个凹模或凸模。采用这种配制加工方法不仅容易保证冲裁间隙,还可以适当放宽基准件的制造公差要求,这是因为它们的制造公差仅与冲制件公差有关。其数值一般采用 $\Delta/4$(Δ 为制件公差),有时也可按实际情况作适当调整。配制加工方法常用电火花线切割机床的间隙补偿功能来实现,是目前应用相当普遍的一种加工方法。

设计时,在作为加工基准件的图纸上标注详细尺寸及制造公差,而在其对应的非加工基准件图纸上仅标注带有记号的名义尺寸,并且在技术要求上说明与谁配制及配制的间隙值范围。例如,注 * 尺寸与 ×× 配制,双面间隙×.××～×.××。

这里需要说明的是,分开加工方法和配制加工方法是可以同时应用在一张图纸上。一般冲模精度较制件精度高 3～4 级,对于形状简单的圆形、矩形等刃口,制造公差值可按 IT7～IT6 级来选取。若制件尺寸上没有标注公差,那么可按 IT14 级取值,也有采用 GB/T 1804—2000 中线性尺寸的极限偏差数值,见表 2-10。

表 2-10 线性尺寸的极限偏差数值 (mm)

公差等级	基本尺寸分段							
	0.5～3	>3～6	>6～30	>30～120	>120～400	>400～1 000	>1 000～2 000	>2 000～4 000
精密 f	±0.05	±0.05	±0.1	±0.15	±0.2	±0.3	±0.5	—
中等 m	±0.1	±0.1	±0.2	±0.3	±0.5	±0.8	±1.2	±2
粗糙 c	±0.2	±0.3	±0.5	±0.8	±1.2	±2	±3	±4
最粗 v	—	±0.5	±1	±1.5	±2.5	±4	±6	±8

三、排样设计

冲裁件在板料、条料或带料上的布置方法称为排样。在模具设计中,排样设计是一项极为重要的、技术性很强的设计工作。排样合理与否,直接影响到材料利用率、制件质量、生产率与成本以及模具的结构与寿命等。排样时,必须将影响排样的诸因素加以综合分析,才能拟定出最佳的排样方案。排样设计的工作内容,包括选择排样方法、确定搭边的数值、计算条料宽度及送料步距、计算材料的利用率、画出排样图。

1. 排样方法

根据材料经济利用的程度,排样方法可以分为有废料、少废料和无废料排样三种。根据制件在条料上的布置形式,排样又可分为直排、斜排、对排、混合排及多排等多种。

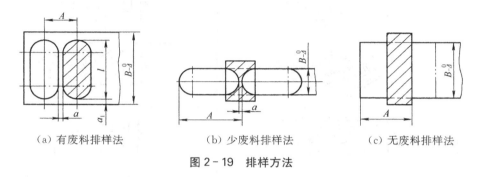

（a）有废料排样法　　　　　（b）少废料排样法　　　　　（c）无废料排样法

图 2 - 19　排样方法

1）有废料排样法　有废料排样是沿着制件的全部周边轮廓进行冲裁,制件与制件之间以及制件与条料侧边之间,都有工艺余料(称搭边)存在,如图 2 - 19a 所示。此种排样法制件断面质量较好,模具寿命较长,但材料利用率较低。

2）少废料排样法　少废料排样法是沿制件的部分外轮廓切断或冲裁,只在制件与制件之间或制件与条料侧边之间留有搭边,如图 2 - 19b 所示。这种排样方法的材料利用率可达 $70\%\sim90\%$。

3）无废料排样法　无废料排样法是制件与制件之间以及制件与条料侧边之间均无搭边存在,如图 2 - 19c 所示。这种排样方法的制件是直接由切断条料获得,所以材料利用率可达 $85\%\sim95\%$。图 2 - 19c 是步距为两倍制件宽度的一模两件的无废料排样。

4）几种排样方法比较　采用少、无废料排样法,材料利用率高,不但有利于一次冲压获得多个制件,而且可以简化模具结构、降低冲裁力。但是少、无废料排样的应用范围有一定的局限性,受到制件形状、结构的限制,且由于条料本身的宽度公差以及条料导向与定位所产生的误差会直接影响制件尺寸,从而使制件的精度降低。同时,在单边切断时,因为模具单面受力而使其加快磨损,降低模具寿命,而且也会直接影响制件的断面质量。为此,排样设计时不要一味追求高的材料利用率,必须全面权衡利弊得失。

无论是采用有废料或少废料、无废料的排样,根据制件在条料上的不同布置方法,排样方法又有直排、斜排、对排(直对排、斜对排)、混合排及多排等多种形式的排列方式,见表 2 - 11。可以根据不同的待冲裁制件形状加以选用。对于形状较复杂的冲裁件,以前通常是用厚纸片剪 3~5 个样件,在摆出各种可能的排样方案后,再从中选择一个比较合理的方案作为排样图。现在通过电脑计算方法,可以方便、快捷、准确地获得一个合理的排样方案。

表 2-11　排样方式

	有废料排样	少废料、无废料排样
直排		
斜排		
直对排		
斜对排		
混合排		
多行排		
裁搭边		

2. 排样原则

（1）提高材料利用率 η。对制件来说，由于产量大、冲压生产率高，所以材料费用常会占冲件总成本的 60% 以上。材料利用率是一项很重要的经济指标。要提高材料利用率，就必须减少废料面积。冲裁过程中所产生的废料可分为结构废料与工艺废料两种：

① 结构废料。由制件的形状决定，如制件内孔的存在而产生的废料，一般不能改变。

② 工艺废料。包括制件之间和制件与条料边缘之间存在的搭边，定位需要切去的料边与定位孔，不可避免的料头和料尾的废料，取决于冲压方式与排样方式。

因此，要提高材料利用率，主要应从减少工艺废料着手，设计出合理的排样方案。有时，在不影响制件使用性能的前提下，也可适当改变冲裁件的形状（图 2-20）。

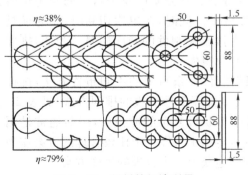

图 2-20　材料的经济利用

（2）使工人操作方便、安全，减轻工人的劳动强度。条料在冲裁过程中翻动要少，在材料利用率相同或相近时，应尽可能选条料宽、进距小的排样方法。它还可减少板料裁切次数，节省剪裁备料时间。

（3）使模具结构简单、模具寿命较高。

（4）排样应保证制件的质量。对于弯曲件的落料，在排样时还应考虑板料的纤维方向。

3. 搭边、条料步距和条料宽度的确定

1）搭边　排样时，制件之间以及制件与条料侧边之间留下的工艺余料称为搭边。搭边的作用是补偿定位误差，保持条料有一定的刚度，以保证制件质量和送料方便。搭边过大，浪费材料；搭边太小，冲裁时容易翘曲或拉断，不仅会增大制件毛刺，有时还会拉入凸、凹模间隙中损坏模具刃口，降低模具寿命，或影响送料工作。对于利用搭边作为载体的级进模具排样，搭边使条料有一定的刚度，以保证条料的连续送进。

搭边的合理数值，就是保证制件质量、保证模具较长寿命、保证自动送料时不被拉弯拉断条件下允许的最小值。

搭边的合理数值主要决定于材料厚度、材料种类、制件的大小以及制件的轮廓形状等。一般说来，板料愈厚，材料愈软以及制件尺寸愈大，形状愈复杂，则搭边值也应愈大。其中，制件与制件之间尺寸以 a 表示、制件与条料侧边之间以 a_1 表示（如图 2-19 中所示）。

搭边值通常由经验确定。表 2-12 所列搭边值（对低碳钢）即为经验数据之一。

表 2-12　搭边 a 和 a_1 数值（低碳钢）　　　　　　（mm）

材料厚度 t	圆件及 $r>2t$ 的圆角		矩形件边长 $l<50$		矩形件边长 $l>50$ 或圆角 $r<2t$	
	制件间 a	侧面 a_1	制件间 a	侧面 a_1	制件间 a	侧面 a_1
0.25 以下	1.8	2.0	2.2	2.5	2.8	3.0
0.25~0.5	1.2	1.5	1.8	2.0	2.2	2.5
0.5~0.8	1.0	1.2	1.5	1.8	1.8	2.0
0.8~1.2	0.8	1.0	1.2	1.5	1.5	1.8
1.2~1.5	1.0	1.2	1.5	1.8	1.8	2.0
1.6~2.0	1.2	1.5	1.8	2.0	2.0	2.2
2.0~2.5	1.5	1.8	2.0	2.2	2.2	2.5
2.5~3.0	1.8	2.2	2.2	2.5	2.5	2.8
3.0~3.6	2.2	2.5	2.5	2.8	2.8	3.2
3.5~4.0	2.5	2.8	2.8	3.2	3.2	3.5
4.5~5.0	3.0	3.5	3.5	4.0	4.0	4.5
5.0~12	0.6t	0.7t	0.7t	0.8t	0.8t	0.9t

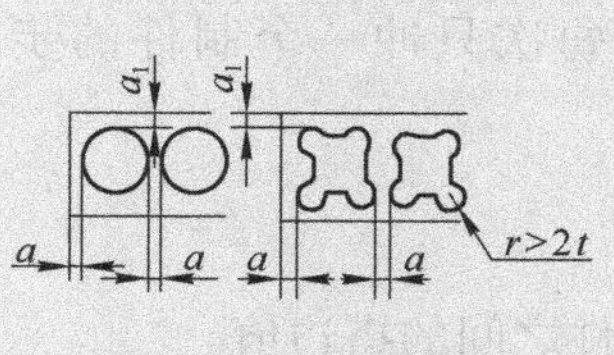

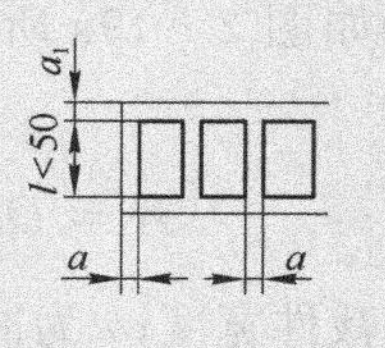

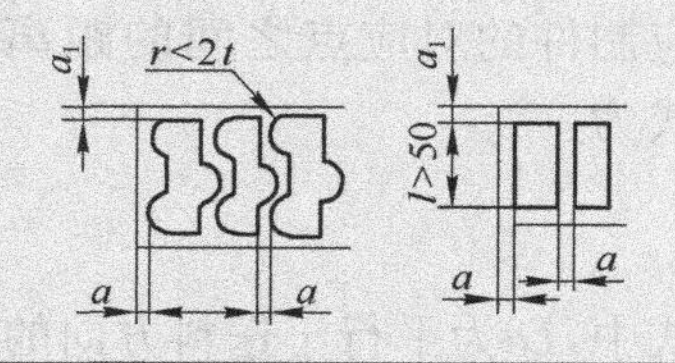

注：对于其他材料，应将表中数值乘以下列系数：
中碳钢 0.9；高碳钢 0.8；硬黄铜 1~1.1；硬铝 1~1.2；软黄铜、纯铜 1.2；铝 1.3~1.4；非金属（皮革、纸、纤维板等）1.5~2。

小贴士

当采用切断形式冲裁时,需要注意搭边值大小对切断凸模刃口的强度和刚度的影响,因此应该考虑适当放大制件与制件的距离(搭边值)。切断凸模刃口最小厚度尺寸 C 见表 2-13。

表 2-13   切断凸模刃口最小厚度尺寸 C (mm)

料宽 B	刃厚 C	最小值 C_{min}	
		弧形切断	直线切断
≤25	$1.2t$	1.5	2.0
>25~50	$1.5t$	2.0	3.0
>50~100	$2.0t$	3.0	4.5

注:t—材料厚度。

2) 送料步距与条料宽度的计算   选定排样方法与确定搭边值之后,就要计算送料步距与条料宽度,这样才能画出排样图。

(1) 送料步距 A。条料在模具上每次送进的距离称为送料步距(简称步距或进距)。每个步距可以冲出一个制件,也可以冲出几个制件。送料步距的大小应为条料上两个对应制件的对应点之间的距离。如图 2-19a 所示,每次只冲一个制件的步距 A 的计算公式为

$$A = D + a \qquad (2-4)$$

式中,D 为平行于送料方向的冲裁件宽度;a 为冲裁件之间的搭边值。

图 2-19c 所示则是无废料一模两件,其送料步距是制件宽度的两倍。

(2) 条料宽度 B。条料由板料剪裁下料而得,为保证送料顺利,剪裁时的公差带分布规定上偏差为零、下偏差为负值($-\Delta$)。条料在模具上送进时一般都有导向,当使用导料板导向而又无侧压装置时,在宽度方向也会产生送料误差。条料宽度 B 的计算应保证在这两种误差的影响下,仍能保证在冲裁件与条料侧边之间有一定的搭边值。

当导料板之间有侧压装置或用手将条料紧贴单边导料板(或两个单边导料销)时,条料宽度按下式计算(图 2-21):

$$B = (D + 2a_1 + \Delta)_{-\Delta}^{0} \qquad (2-5)$$

式中,D 为冲裁件与送料方向垂直的最大尺寸;a_1 为冲裁件与条料侧边之间的搭边;Δ 为板料剪裁时的下偏差(表 2-14)。

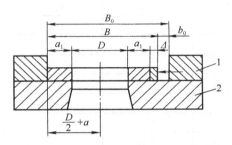

图 2-21   有侧压装置时条料宽度的确定

1—导料板;2—凹模

表 2-14　剪板机剪料的下偏差 Δ　　　　　　　　　　　　　　（mm）

条料厚度	条料宽度			
	≤50	>50～100	>100～200	>200～400
≤1	0.5	0.5	0.5	1.0
>1～3	0.5	1.0	1.0	1.0
>3～4	1.0	1.0	1.0	1.5
>4～6	1.0	1.0	1.5	2.0

当条料在无侧压装置的导料板之间送料时,条料宽度按下式计算(图 2-22):

$$B = (D + 2a_1 + 2\Delta + b_0)_{-\Delta}^{0} \qquad (2-6)$$

式中,b_0 为条料与导料板之间的间隙(表 2-15)。

表 2-15　条料与导料板之间的间隙 b_0　　　　　　　　　　（mm）

条料厚度	无侧压装置			有侧压装置	
	条料宽度				
	≤100	>100～200	>200～300	≤100	>100
≤1	0.5	0.5	1	5	8
>1～5	0.8	1	1	5	8

由图 2-22 可知,用式(2-6)计算的条料宽度,保证了不论条料靠向哪一边,即使条料裁成最小的极限尺寸(即 $B-\Delta$)时,仍能保证冲裁时的搭边值 a_1。

条料是从板料剪裁而得。条料宽度一经决定,就可以裁板。板料一般都是长方形的,所以就有纵裁(沿长边裁,也就是沿辗制纤维方向裁)和横裁(沿短边裁)两种方法(图 2-23)。应综合考虑材料利用率、纤维方向(如弯曲件等)、操作方便和材料供应情况等。

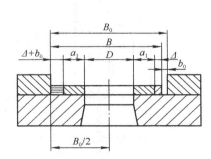

图 2-22　无侧压装置时条料宽度的确定

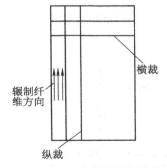

图 2-23　板料的纵裁与横裁

4. 材料利用率

合理排样对节约材料、提高经济效益有重要的实际意义。衡量材料经济利用的尺度是材料利用率。通常以一个步距内制件的实际用料面积与所用毛坯面积的百分率 η 来表示:

$$\eta = \frac{S_1}{S_0} \times 100\% = \frac{S_1}{AB} \times 100\% \qquad (2-7)$$

式中,A 为步距(mm);B 为条料宽度(mm);S_1 为一个步距内制件的实际用料面积(mm²);S_0 为一个步距所需毛坯面积(mm²)。

准确的材料利用率,应考虑到料头与料尾的材料消耗情况,此时可用板料(或带料、条料)的总利用率 η_0 来表示:

$$\eta_0 = \frac{nS_2}{LB} \times 100\% \qquad (2-8)$$

式中,n 为板料(或带料、条料)上实际冲裁的制件数量;S_2 为一个制件的实际用料面积(mm²);L 为板料(或带料、条料)长度(mm);B 为板料(或带料、条料)宽度(mm)。

5. 排样图

排样图是排样设计最终的表达形式。排样图是编制冲压工艺与设计模具的重要工艺文件。在排样图上应标注条料宽度及其公差、送料步距及搭边 a、a_1 值,如图 2-24 所示。

若采用斜排方法排样时,还应注明倾斜角度的大小。必要时,还可用双点画线画出条料在送料时定位元件的位置。对有纤维方向要求的排样图,则应用箭头表示条料的纹向。

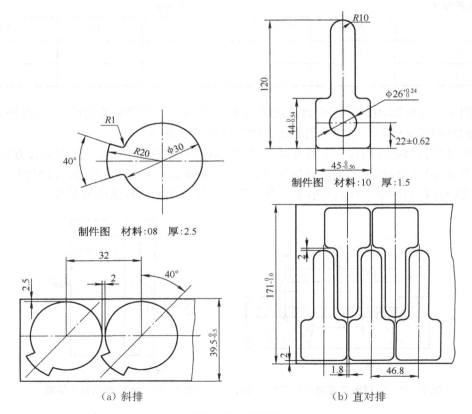

图 2-24   排样图

四、冲压力计算和压力中心确定

在冲裁模设计中,冲压力是冲裁力、卸料力、推件力和顶件力的总称。冲压力是冲裁时选择压力机的主要依据,也是设计模具所必需的数据。

1. 冲裁力

在冲裁过程中,冲裁力是指冲裁过程中凸模对板料的压力,它是随凸模行程而变化的。如图 2-25 所示,AB 段是冲裁的弹性变形阶段,板料上的冲裁力随凸模的下压直线增加。BC 段是塑性变形阶段。C 点为冲裁力的最大值。凸模再下压,材料内部产生裂纹并迅速扩展,冲裁力下降,所以 CD 段是断裂分离阶段。到达 D 点,上、下裂纹重合,板料已经分离。DE 段是凸模克服与材料间的摩擦和将材料从凹模内推出所需的压力。通常,冲裁力是指板料作用在凸模上的最大抗力。对冲裁力有直接影响的因素主要是板料的力学性能、厚度与冲裁件的轮廓周长。但是冲裁间隙、刀口锋利程度、冲裁速度、润滑

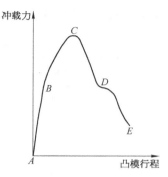

图 2-25　冲裁力变化曲线

情况等也对冲裁力有较大影响。综合考虑上述影响因素,对于普通平刃口的冲裁,其冲裁力 F 可按下式计算:

$$F = KLt\tau \tag{2-9}$$

式中,F 为冲裁力(N)。L 为冲裁件周长(mm)。t 为板料厚度(mm)。τ 为材料的抗剪强度(MPa),见表 1-7。K 为考虑到刃口钝化、间隙不均匀、材料力学性能与厚度波动等因素而增加的安全系数,常取 $K=1.3$。

在一般情况下,材料的抗拉强度 $\sigma_b \approx 1.3\tau$,为计算方便,也可用下式计算冲裁力:

$$F = Lt\sigma_b \tag{2-10}$$

2. 卸料力、推件力和顶件力

冲裁时材料在分离前存在着弹性变形,在一般冲裁条件下,冲裁后材料的弹性回复使落料件或冲孔废料梗塞在凹模内,而板料则紧箍在凸模上,为了使冲裁工作继续进行,必须将箍在凸模上的板料卸下,将梗塞在凹模内的制件或废料推出或顶出。从凸模上卸下板料所需的力称为卸料力 $F_{卸}$;将梗塞在凹模内的制件(或废料)顺冲裁方向推出所需的力称为推件(料)力 $F_{推}$;从凹模内逆冲裁方向顶出制件或废料所需的力称为顶件(料)力 $F_{顶}$,如图 2-26 所示。

$F_{卸}$、$F_{推}$ 与 $F_{顶}$ 和冲件轮廓的形状、冲裁间隙、材料种类和厚度、润滑情况、凹模洞口形状等因素有关。在实际生产中常用以下经验公式计算:

$$F_{卸} = K_{卸} F \tag{2-11}$$

$$F_{推} = n K_{推} F \tag{2-12}$$

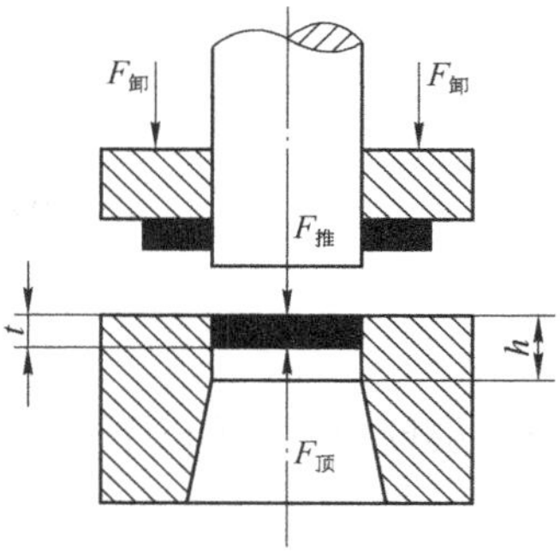

图 2-26　卸料力、推件(料)力
和顶件(料)力

$$F_{顶} = K_{顶} F \qquad\qquad (2-13)$$

式中,F 为冲裁力。$K_{卸}$ 为卸料力系数。$K_{推}$ 为推件(料)力系数。$K_{顶}$ 为顶件(料)力系数。n 为梗塞在凹模内的制件(或废料)数($n=h/t$)。h 为凹模直壁洞口的高度。t 为材料厚度。

$K_{卸}$、$K_{推}$ 和 $K_{顶}$ 可分别由表 2-16 查取。当冲裁件形状复杂、冲裁间隙较小、润滑较差、材料强度高时应取较大的值;反之,则应取较小的值。

表 2-16　卸料力、推件(料)力和顶件(料)力系数

料厚(mm)		$K_{卸}$	$K_{推}$	$K_{顶}$
钢	≤0.1	0.06~0.09	0.1	0.14
	>0.1~0.5	0.04~0.07	0.065	0.08
	>0.5~2.5	0.025~0.06	0.05	0.06
	>2.5~6.5	0.02~0.05	0.045	0.05
	>6.5	0.015~0.04	0.025	0.03
铝、铝合金		0.03~0.08	0.03~0.07	
紫铜、黄铜		0.02~0.06	0.03~0.09	

注:卸料力系数 $K_{卸}$ 在冲多孔、大搭边和轮廓复杂时取上限值

3. 冲裁总冲压力的计算

$F_{卸}$ 与 $F_{顶}$ 是选择卸料装置与弹顶器的橡皮或弹簧的根据。在计算冲裁所需的总冲压力时,应该根据模具结构的具体情况考虑 $F_{卸}$、$F_{推}$ 和 $F_{顶}$ 的影响。

采用弹压卸料装置和下出件模具时:

$$F_{总} = F + F_{卸} + F_{推} \qquad\qquad (2-14)$$

采用弹压卸料装置和上出件模具时:

$$F_{总} = F + F_{卸} + F_{顶} \qquad\qquad (2-15)$$

采用刚性卸料装置和下出件模具时:

$$F_{总} = F + F_{推} \qquad\qquad (2-16)$$

冲裁时,所需压力机的公称压力必须大于或等于总冲压力 $F_{总}$。

4. 降低冲裁力的措施

当板料较厚或冲裁件较大,所产生的冲裁力过大或压力机吨位不够时,可采用以下三种方法来降低冲裁力:

1) 加热冲裁　把材料加热后冲裁,可以大大降低其抗剪强度。表 2-17 所示为钢材在不同加热温度下的抗剪强度。由表可知,将材料加热到 700~900 ℃,冲裁力只及常温的 1/3 甚至更小。加热冲裁的优点是冲裁力降低显著。缺点是断面质量较差(圆角大、有毛刺),精度低,冲裁件上会产生氧化皮;加热冲裁的劳动条件也差,只用于精度要求不高的厚料冲裁。

表 2-17　钢在加热状态的抗剪强度

钢的牌号	加热到以下温度时的抗剪强度（MPa）					
	200 ℃	500 ℃	600 ℃	700 ℃	800 ℃	900 ℃
Q195、Q215 10、15	353	314	196	108	59	29
Q235、Q255 20、25	441	411	235	127	88	59
30、35	520	511	324	157	88	69
40、45、50	588	569	373	186	88	69

2）斜刃冲裁　将凸模或凹模刃口做成斜刃口，整个刃口不是与冲裁件周边同时接触，而是逐步切入，所以冲裁力可以减小，如图 2-27 所示。为了获得平整的冲裁件，落料时应将斜刃做在凹模上（图 a），冲孔时应将斜刃做在凸模上（图 b）。

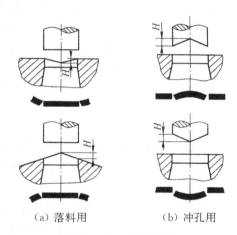

（a）落料用　　　（b）冲孔用

图 2-27　斜刃冲裁

刃口倾斜程度 H 愈大，冲裁力愈小，但凸模需进入凹模愈深，板料的弯曲较严重，所以一般 H 值取为：当 $t < 3$ mm 时，$H = 2t$；$t = 3 \sim 10$ mm 时，$H = t$。

斜刃口冲裁时，冲裁力可按下式计算：

$$F_斜 = K_斜 Lt\tau \tag{2-17}$$

式中，$F_斜$ 为斜刃冲裁力（N）。$K_斜$ 为降低冲裁力系数，其值与斜刃高度 H 有关：当 $H = t$ 时，$K_斜 = 0.4 \sim 0.6$；当 $H = 2t$ 时，$K_斜 = 0.2 \sim 0.4$。

斜刃冲裁的优点是压力机能在柔和条件下工作，当冲裁件很大时，降低冲裁力很显著。缺点是模具制造难度提高，刃口修磨也困难，有些情况下模具刃口形状还要修正。冲裁时，废料的弯曲在一定程度上会影响冲裁件的平整，这在冲裁厚料时更严重。因此斜刃冲裁适用于形状简单、精度要求不高、料不太厚的大件冲裁，在汽车、拖拉机等大型覆盖件的落料中应用较多。

3）阶梯冲裁　在多凸模的冲模中，将凸模做成不同高度，采用阶梯布置，可使各凸模冲

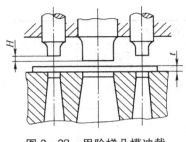

图 2-28 用阶梯凸模冲裁

裁力的最大值不同时出现,从而降低了冲裁力,如图 2-28 所示。

各凸模间的高度相差量与板料厚度有关。对于薄料,取 $H=t$;对于厚料($t>3$ mm),取 $H=0.5t$。各层凸模的布置要尽量对称,使模具受力平衡。

阶梯冲裁的优点是不但可降低冲裁力,而且还能适当减少振动,制件精度不受影响,可避免与大凸模相距甚近的小凸模的倾斜或折断(当所有凸模等高时,与大凸模接近的小凸模在冲孔时受到大凸模冲裁所引起的材料流动的影响,很易使小凸模倾斜或折断)。缺点是修磨刃口比较麻烦。阶梯冲裁主要用于有多个凸模而其位置又较对称的模具。

5. 压力中心确定

模具压力中心是指冲压时诸冲压力合力的作用点位置。为了确保压力机和模具正常工作,应使冲模的压力中心与压力机滑块的中心相重合或偏离不大。对于带有模柄的冲压模,压力中心应通过模柄的轴心线,否则会使冲模和压力机滑块产生偏心载荷,使滑块和导轨之间产生过大的磨损,模具导向零件加速磨损,降低模具和压力机的使用寿命。在实际生产中,可能出现由于冲裁件形状特殊,从模具结构方面考虑,不宜使压力中心与模柄中心线相重合,此时应注意使压力中心的偏离,不超出所选压力机模柄孔投影面积的范围。

冲模的压力中心,可按下述原则来确定:

(1) 对称形状的单个冲裁件,冲模的压力中心就是冲裁件的几何中心;

(2) 制件形状相同且分布位置对称时,冲模的压力中心与制件的对称中心相重合;

(3) 形状复杂的制件、多凸模的压力中心可用解析计算法求出。

解析法的计算依据是:各分力对某坐标轴的力矩之代数和等于诸力的合力对该坐标轴的力矩。求出合力作用点的坐标位置 $O_0(X_0,Y_0)$,即为所求模具的压力中心(图 2-29)。计算公式为

$$x_0=\frac{F_{p1}x_1+F_{p2}x_2+\cdots+F_{pn}x_n}{F_{p1}+F_{p2}+\cdots+F_{pn}}=\frac{\sum_{i=1}^{n}F_{pi}x_i}{\sum_{i=1}^{n}F_{pi}} \tag{2-18}$$

$$y_0=\frac{F_{p1}y_1+F_{p2}y_2+\cdots+F_{pn}y_n}{F_{p1}+F_{p2}+\cdots+F_{pn}}=\frac{\sum_{i=1}^{n}F_{pi}y_i}{\sum_{i=1}^{n}F_{pi}} \tag{2-19}$$

因冲裁力与冲裁周边长度成正比,所以式中的各冲裁力 F_{p1}、F_{p2}、F_{p3}、$\cdots$、F_{pn},可分别用各冲裁周边长度 L_1、L_2、L_3、$\cdots$、L_n 代替,即

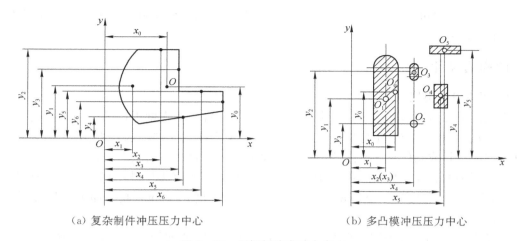

（a）复杂制件冲压压力中心　　　　　　　（b）多凸模冲压压力中心

图 2-29　用解析法求压力中心

$$x_0 = \frac{L_1 x_1 + L_2 x_2 + \cdots + L_1 x_n}{L_1 + L_2 + \cdots + L_n} = \frac{\sum\limits_{i=1}^{n} L_i x_i}{\sum\limits_{i=1}^{n} L_i} \qquad (2-20)$$

$$y_0 = \frac{L_1 y_1 + L_2 y_2 + \cdots + L_1 y_n}{L_1 + L_2 + \cdots + L_n} = \frac{\sum\limits_{i=1}^{n} L_i y_i}{\sum\limits_{i=1}^{n} L_i} \qquad (2-21)$$

第四节　冲裁模主要零部件的设计与选用

一、模具的标准化

　　模具标准化，就是将模具的许多零件的形状和尺寸以及各种典型组合和典型结构按统一结构形式及尺寸，实行标准系列并组织专业化生产，以充分满足用户选用，像普通工具一样在市场上销售和选购。模具标准化还可促使模具工业的发展，促进模具技术合作与交流，简化模具设计、缩短生产周期，有利于保证质量、促进模具 CAD/CAM。国家标准化技术委员会制定并由国家技术监督局批准的我国冲模国家标准，包括基础标准（如 GB/T 8845—2006《冲模术语》）、工艺与质量标准（GB/T 14662—2006《冲模技术条件》）、产品标准（GB/T 2851—2008《冲模滑动导向模架》、GB/T 2861—2008《冲模导向装置》）等。根据模具类型、导向方式、送料方向、凹模形状等不同，有关标准规定了 14 种典型组合形式。每一种典型组合中，又规定了多种凹模外形尺寸（长×宽）以及相配合的凹模厚度、凸模高度、模架类型和尺寸及固定板、卸料板、垫板、导料板等具体尺寸，还规定了选用标准件的种类、规格、数量、位置及有关的尺寸。这样在进行模具设计时，仅设计直接与冲压件有关的部分，其余都可从标准中选取。在模具设计中除了选用我国的国家标准（GB）和机械行业标准(JB)外,也可选用国际模具标准化组织 ISO/TC29/SC8 制定的冲模和成形模标准及日本的 Face 标准。

二、凹模的设计

1. 凹模刃口类型

常用凹模刃口类型如图 2-30 所示,其中Ⅰ、Ⅱ、Ⅲ型为直壁刃口凹模。其特点是制造方便,刃口强度高,刃磨后工作部分尺寸不变,广泛用于冲裁公差要求较小、形状复杂的精密制件。但因废料或制件在洞壁内的聚集而增大了推件力和凹模的胀裂力,给凸、凹模的强度都带来了不利的影响。Ⅳ、Ⅴ型是斜壁刃口,在凹模内不易聚集材料,侧壁磨损小,但刃口强度差,刃磨后刃口径向尺寸略有增大(如 $\alpha = 18'$ 时,刃磨 0.1 mm,其双面刃口尺寸增大约 0.001 mm)。

凹模锥角 α、后角 β 和洞口高度 h,均随制件材料厚度的增加而增大,一般取 $\alpha = 15' \sim 30'$、$\beta = 2° \sim 3°$、$h = 4 \sim 10$ mm。

一般顶出件(料)的冲裁模用Ⅰ、Ⅲ型,如倒装复合模的落料凹模。推出件(料)的用Ⅱ、Ⅳ或Ⅴ型,如倒装复合模的冲孔凹模。

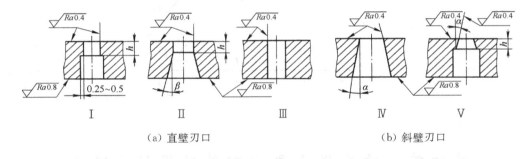

(a) 直壁刃口　　　　　　(b) 斜壁刃口

图 2-30　凹模刃口类型

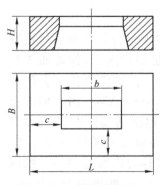

图 2-31　凹模外形尺寸

2. 凹模外形尺寸

冲裁时凹模承受冲裁力和侧向挤压力的作用。受力状态比较复杂,目前还不能用理论方法精确计算,所以通常采用经验公式综合各方面因素来确定凹模的外形尺寸。如图 2-31 所示,凹模的外形尺寸一般是根据被冲压材料的厚度和冲裁件的最大外形尺寸来确定:

凹模厚度　$H = Kb$　($\geqslant 15$ mm)　　　(2-22)

凹模壁厚　$C = (1.5 \sim 2)H$　($\geqslant 30 \sim 40$ mm)　(2-23)

式中,b 为冲裁件的最大外形尺寸(mm);K 为考虑板料厚度的影响系数,可查表 2-18。

因圆形或矩形板状凹模的外形尺寸已标准化,所以在计算后尽量选取接近计算值的标准模板。

表 2-18　凹模厚度系数 K 值

b(mm)	材料厚度 t(mm)				
	0.5	1	2	3	>3
≤50	0.3	0.35	0.42	0.5	0.6
>50~100	0.2	0.22	0.28	0.35	0.42
>100~200	0.15	0.18	0.2	0.24	0.3
>200	0.1	0.12	0.15	0.18	0.22

3. 凹模的固定方式

凹模一般采用螺钉和销钉固定。螺钉和销钉的数量、规格及它们的位置应根据凹模的大小,在标准的典型组合中查得。位置可根据结构需要作适当调整。螺孔、销孔之间以及它们到模板边缘的尺寸,应满足有关设计要求。凹模固定方式见表 2-19。

凹模洞孔轴线应与凹模顶面保持垂直,上、下平面应保持平行。型孔的表面有表面粗糙度的要求,$Ra=0.8~0.4~\mu m$。底面与销孔的 $Ra=1.6~0.8~\mu m$。形状简单且模具寿命要求不高的凹模可选用 T8A、T10A 等材料;形状复杂且模具有较高寿命要求的凹模应选 Crl2、Cr12MoV、CrWMn 等制造。热处理后的硬度应达到 60~64 HRC。

表 2-19　凹模固定方式

类型	结构简图	说明
整体式	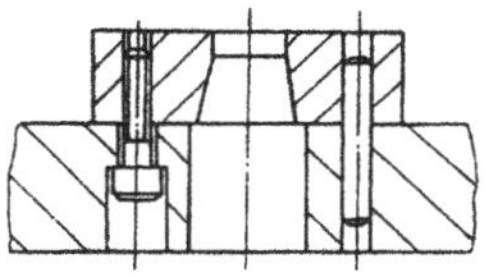	使用螺钉、圆柱销固定整体凹模,结构简单,装拆方便
组合镶拼式	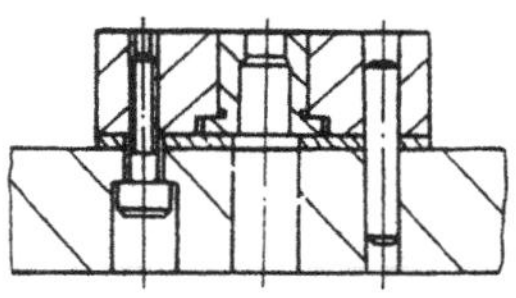	把镶套压入固定板(或凹模板)后用螺钉、圆柱销固定,结构简单,装拆方便。异形刃口圆柱形镶件,要用键或者圆柱销止动定位。为提高稳固性,镶套下部可以设置淬硬垫板
	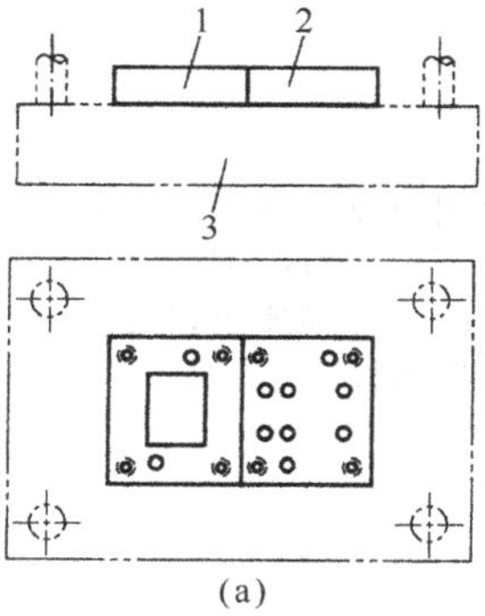 （a） 1、2—凹模拼块;3—下模座	图 a 拼块尺寸较大,有足够位置设置螺钉孔和圆柱销孔时,用螺钉、圆柱销直接固定拼块,拼块固定在模座上

续表

类型	结构简图	说明
组合镶拼式	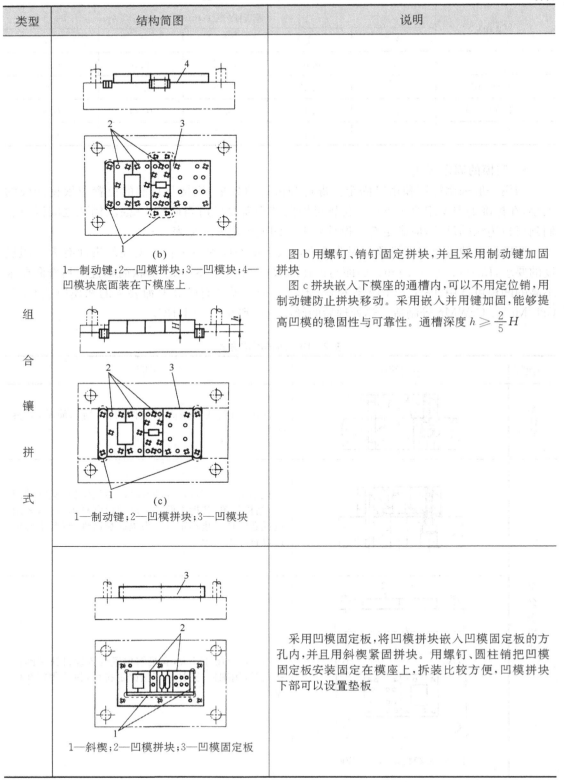 1—制动键;2—凹模拼块;3—凹模块;4—凹模块底面装在下模座上 (b) 1—制动键;2—凹模拼块;3—凹模块 (c) 1—斜楔;2—凹模拼块;3—凹模固定板	图 b 用螺钉、销钉固定拼块,并且采用制动键加固拼块 图 c 拼块嵌入下模座的通槽内,可以不用定位销,用制动键防止拼块移动。采用嵌入并用键加固,能够提高凹模的稳固性与可靠性。通槽深度 $h \geqslant \dfrac{2}{5}H$ 采用凹模固定板,将凹模拼块嵌入凹模固定板的方孔内,并且用斜楔紧固拼块。用螺钉、圆柱销把凹模固定板安装固定在模座上,拆装比较方便,凹模拼块下部可以设置垫板

续表

类型	结构简图	说明
组合镶拼式	 1—压板；2—凹模拼块；3—凹模固定板	采用凹模固定板，将凹模拼块嵌入凹模固定板的通槽内，两端用压板固定。用螺钉、圆柱销把凹模固定板安装固定在模座上 　凹模固定板的硬度不低于 45 HRC，凹模拼块下部可以不设置垫板
	 1—斜楔；2—凹模拼块；3—螺钉连接框架	采用连接式框架。框架的左右、前后边框相互嵌合，用螺钉连接，形成一个整体，凹模拼块嵌入框架中，并用斜楔压紧 　用螺钉、圆柱销把框架安装固定在模座上，根据使用的模座情况，需要时拼块与模座之间设置淬硬垫板

4. 凸凹模

　　在复合模中，必定有一个凸凹模。凸凹模的内外缘均为刃口，内外缘之间的壁厚决定于冲裁件的尺寸。从强度考虑，壁厚受最小值限制。凸凹模的最小壁厚与冲模结构有关，对于正装复合模，由于凸凹模装于上模，孔内不会积存废料，胀力小，最小壁厚可以小些；对于倒装复合模，因为孔内会积存废料，所以最小壁厚要大些。

　　不积聚废料的凸凹模的最小壁厚：对于黑色金属和硬材料约为制件料厚的 1.5 倍，但不小于 0.7 mm；对于有色金属和软材料约等于制件料厚，但不小于 0.5 mm。积聚废料的凸凹模的最小壁厚可参考表 2-20 选用。

表 2-20　凸凹模最小壁厚 a　　　　　　　　　　　（mm）

料厚 t	0.4	0.5	0.6	0.7	0.8	0.9	1.0	1.2	1.5	1.75
最小壁厚 a	1.4	1.6	1.8	2.0	2.3	2.5	2.7	3.2	3.8	4.0
最小直径 D	15					18			21	
料厚 t	2.0	2.1	2.5	2.75	3.0	3.5	4.0	4.5	5.0	5.5
最小壁厚 a	4.9	5.0	5.8	6.3	6.7	7.8	8.5	9.3	10.0	12.0
最小直径 D	21	25		28		32		35	40	45

三、凸模固定板设计

固定板外形尺寸一般与凹模轮廓尺寸一样，厚度一般取凹模厚度的 0.6～0.8 倍。对于圆形凸模，凸模固定板上的安装孔与凸模采用过渡配合，如 H7/m6；对于非圆形凸模，凸模固定板上的安装孔与凸模采用过盈配合。凸模压装后端面要与固定板一起磨平达 Ra 1.6～0.8 μm。固定板材料一般采用 Q235 或 45 钢制造，不需要淬火。

四、卸料装置与卸料板设计

1. 卸料装置设计

设计卸料装置的目的，是将冲裁后卡箍在凸模上或凸凹模上的制件或废料卸掉，保证下次冲压正常进行。常用的卸料方式有以下几种。

1）刚性卸料装置　刚性卸料是指采用固定卸料板结构，常用于较硬、较厚且精度要求不高的制件冲裁后卸料。当卸料板只起卸料作用时与凸模的间隙随材料厚度的增加而增大，单边间隙取 $(0.2～0.5)t$。当固定卸料板还要起到对凸模的导向作用时，卸料板与凸模的配合间隙应小于冲裁间隙。此时，要求卸料后凸模不能完全脱离卸料板，保证凸模与卸料板配合长度大于 5 mm。

常用固定卸料板如图 2-32 所示。

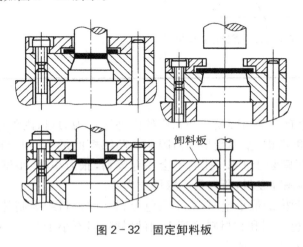

卸料板

图 2-32　固定卸料板

2）弹性卸料装置　弹性卸料板具有卸料和压料的双重作用，主要用于冲裁料厚较薄的板料，由于有压料作用，冲裁件比较平整。弹性卸料板与弹性元件（弹簧或橡皮）、卸料螺钉组成弹性卸料装置,如图 2-33 所示。卸料板与凸模之间的单边间隙选为$(0.1\sim0.2)t$,若弹性卸料板还要起对凸模导向作用时,二者的配合间隙应小于冲裁间隙,常用 H7/h7 或 H7/h6。弹性元件的选择应满足卸料力和冲模结构的要求。设计时可参考有关的设计资料。图 2-33 中,图(a)为用橡胶块直接卸料;图(c)、(e)为倒装式卸料;图(d)是一种组合式的卸料板,该卸料板为细长小凸模导向,而小导柱 4 又对卸料板导向。采用图(b)所示结构时,凸台部分的设计高度 $h = H - (0.1\sim0.3)t$。

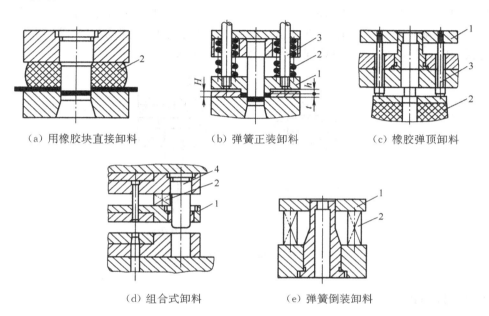

（a）用橡胶块直接卸料　　（b）弹簧正装卸料　　（c）橡胶弹顶卸料

（d）组合式卸料　　（e）弹簧倒装卸料

图 2-33　弹性卸料装置

1—卸料板;2—弹性元件;3—卸料螺钉;4—小导柱

3) 废料切刀　对于大、中型零件冲裁或成形件切边时,还常采用废料切刀的形式,将废边切断,达到卸料目的,如图 2-34 所示。

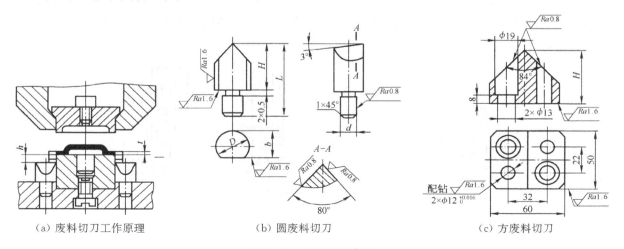

（a）废料切刀工作原理　　（b）圆废料切刀　　（c）方废料切刀

图 2-34　废料切刀卸料

2. 卸料板设计

卸料板外形尺寸一般与凹模轮廓尺寸一样,厚度可取固定板厚度的 0.8 倍,材料选用 Q235 或 45 钢,当卸料板参与成形或对凸模起导向作用时,用碳素工具钢或合金工具钢并淬火。

五、垫板设计

垫板的作用是承受凸模或凹模的轴向压力,防止过大的冲压力在上、下模板上压出凹坑 (图 2-35),影响模具正常工作。垫板厚度根据压力大小选择,一般取 5～12 mm,外形尺寸 与固定板相同,材料为 45 钢,热处理后硬度为 43～48 HRC。

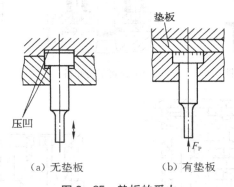

（a）无垫板　　　（b）有垫板

图 2-35　垫板的受力

六、凸模的设计

1. 凸模结构形式

凸模结构通常分为两大类,一类是镶拼式(图 2-36),另一类为整体式(图 2-37)。整体 式中,根据加工方法的不同,又分为带台肩式(图 2-37a、b)和直通式(图 2-37c)。带台肩式 凸模一般采用机械加工,当形状复杂时成形部分常采用成形磨削。对于圆形凸模,冷冲模标 准已给出这类凸模的标准结构形式与尺寸规格(图 2-38),设计时可按国家标准选择。直通 式凸模的工作部分和固定部分的形状与尺寸做成一样,这类凸模一般采用成形磨削、线切割 方法进行加工。

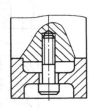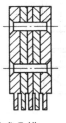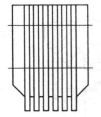

图 2-36　镶拼式凸模

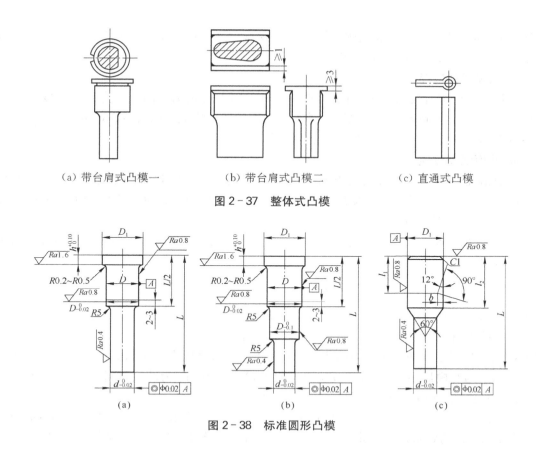

（a）带台肩式凸模一　　　　（b）带台肩式凸模二　　　　（c）直通式凸模

图 2 - 37　整体式凸模

（a）　　　　　　　　　　（b）　　　　　　　　　　（c）

图 2 - 38　标准圆形凸模

2. 凸模长度的确定

凸模长度应根据模具结构的需要来确定。

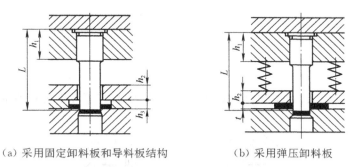

（a）采用固定卸料板和导料板结构　　　（b）采用弹压卸料板

图 2 - 39　凸模长度的确定

若采用固定卸料板和导料板结构时，如图 2 - 39a 所示，凸模的长度应该为

$$L = h_1 + h_2 + h_3 + 15 \sim 20 \text{ mm} \qquad (2 - 24)$$

若采用弹压卸料板时，如图 2 - 38b 所示，凸模的长度应该为

$$L = h_1 + h_2 + t + 15 \sim 20 \text{ mm} \qquad (2 - 25)$$

上二式中，h_1、h_2、h_3、t 分别为凸模固定板、卸料板、导料板、板料的厚度；15～20 mm 为

附加长度,包括凸模的修磨量、凸模进入凹模的深度(0.5~1 mm),以及模具处于闭合状态时凸模固定板与卸料板间的安全距离。

3. 凸模材料选择

模具刃口要求有较高的耐磨性,并能承受冲裁时的冲击力。因此应有高的硬度与适当的韧性。凸模材料选择与凹模一样,但热处理后的硬度应略低于凹模,HRC 可取 58~62;要求高寿命、高耐磨性的凸模,可选硬质合金材料。

4. 凸模强度校核

一般情况下,凸模的强度是足够的,不必进行强度计算。但对细长的凸模或凸模断面尺寸较小而冲压毛坯厚度又比较大的情况,必须进行承压能力和抗纵向弯曲能力两方面的校验,以保证凸模设计的安全。

1)凸模承载能力校核　凸模最小断面承受的压应力 σ,必须小于凸模材料强度允许的压应力 $[\sigma]$,即

$$\sigma = F_P / A_{min} \leqslant [\sigma]$$

对于非圆形凸模有 　　　　　　　　$A_{min} \geqslant F_P / [\sigma]$ 　　　　　　　　(2-26)

对于圆形凸模有 　　　　　　　　$d_{min} \geqslant 4t\tau / [\sigma]$ 　　　　　　　　(2-27)

式中,σ 为凸模最小断面的压应力(MPa);F_P 为凸模纵向总压力(N);A_{min} 为凸模最小截面积(mm²);d_{min} 为凸模最小直径(mm);t 为冲裁材料厚度(mm);τ 为冲裁材料抗剪强度(MPa);$[\sigma]$ 为凸模材料的许用压应力(MPa)。

2)凸模失稳弯曲极限长度　凸模在轴向压力(冲裁力)的作用下,不产生失稳的弯曲极限长度 L_{max} 与凸模的导向方式有关,图 2-40 所示为有、无导向的凸模工作结构图。如图 2-40(a)所示,对于无卸料板和卸料板对凸模不导向的凸模结构,其不发生失稳弯曲的极限比度为:

对圆形截面的凸模

$$L_{max} \leqslant 95d^2 / \sqrt{F_P}$$ 　　　　　　　　(2-28)

对非圆形截面凸模

$$L_{max} \leqslant 425 \sqrt{J / F_P}$$ 　　　　　　　　(2-29)

如图 2-40(b)所示,对于卸料板对凸模导向的结构,其不发生失稳弯曲的极限长度为:

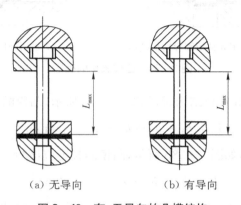

　　　(a)无导向　　　　　　　(b)有导向

图 2-40　有、无导向的凸模结构

对圆形截面凸模 $\qquad L_{max} \leqslant 270d^2 / \sqrt{F_p}$ $\qquad$ (2-30)

对非圆形截面凸模 $\qquad L_{max} \leqslant 1\,200 \sqrt{J/F_p}$ $\qquad$ (2-31)

式中，J 为凸模最小横截面的轴惯性矩（mm^4）；F_p 为凸模的冲裁力（N）；d 为凸模最小直径（mm）。

由上述公式可知，凸模弯曲不失稳时的极限长度 L_{max} 与凸模截面尺寸、冲裁力的大小、材料力学性能等因素有关。同时还受到模具精度、刃口锋利程度、制造过程、热处理等的影响。为防止小凸模的折断和失稳，常用如图 2-41 所示的结构进行保护。

5. 凸模的护套

图 2-41a、b 所示为两种简单的圆形凸模护套。图（a）所示凸模 1、护套 2 均用铆接固定。图（b）所示护套 2 采用台肩固定；凸模 1 很短，上端有一个锥形台，以防卸料时拔出凸模；冲裁时，凸模依靠芯轴 3 承受压力。图（c）所示护套 1 固定在卸料板（或导板）4 上，护套 2 与上模导板 5 呈 H7/h6 的配合，凸模 1 与护套 2 呈 H8/h8 的配合。工作时护套 2 始终在上模导板 5 内滑动而不脱离（起小导柱作用，以防卸料板在水平方向摆动）。当上模下降时，卸料弹簧压缩，凸模从护套中伸出冲孔。此结构有效地避免了卸料板的摆动和凸模工作端的弯曲，可冲厚度大于直径两倍的小孔。图（d）是一种比较完善的凸模护套，三个等分扇形块 6 固定在固定板中，具有三个等分扇形槽的护套 2 固定在导板 4 中，可在固定扇形块 6 内滑动，因此可使凸模在任意位置均处于三向导向与保护之中。但其结构比较复杂，制造比较困难。采用图（c）、（d）两种结构时应注意：当上模处于上止点位置时，护套 2 的上端不能离开上模的导向元件（如上模导板 5、扇形块 6），其最小重叠部分长度不小于 3~5 mm。当上模处于下止点位置时，护套 2 的上端不能受到碰撞。

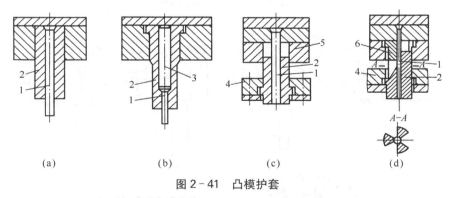

(a) $\qquad$ (b) $\qquad$ (c) $\qquad$ (d)

图 2-41　凸模护套

1—凸模；2—护套；3—芯轴；4—导板；5—上模导板；6—扇形块

6. 凸模的固定方式

平面尺寸比较大的凸模，可以直接用销钉和螺钉固定（图 2-42）。中、小型凸模多采用台肩、吊装、压块或铆接固定（图 2-43）。对于有的小凸模还可以采用浇注粘结固定（图 2-44）。对于大型冲模中冲小孔的易损凸模，可以采用快换凸模的固定方法，以便于修理与更换，如图 2-45 所示。

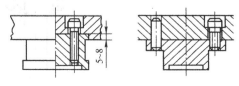

图 2-42　大凸模的固定

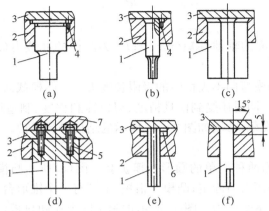

图 2-43　中小凸模的固定

1—凸模；2—凸模固定板；3—垫板；4—止转销；5—吊装螺
钉；6—吊装横销；7—上模座

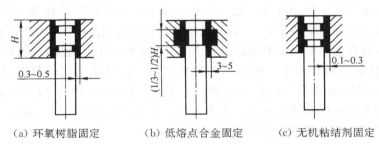

（a）环氧树脂固定　　（b）低熔点合金固定　　（c）无机粘结剂固定

图 2-44　凸模的粘结固定

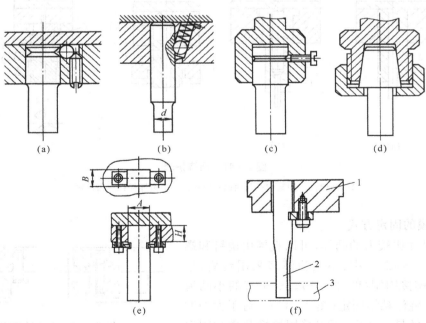

图 2-45　快换式凸模固定方法

1—固定板；2—凸模；3—卸料板

七、定位零件的设计

为保证条料的正确送进和毛坯在模具中的正确位置、冲裁出外形完整的合格制件，模具设计时必须考虑条料或毛坯的定位。正确位置是依靠定位零件来保证的。由于毛坯形式和模具结构不同，所以定位零件的种类很多。设计时应根据毛坯形式、模具结构、零件公差大小、生产效率等进行选择。定位包含控制送料步距的挡料和垂直方向的导料等。

1. 挡料销设计

挡料销的作用是挡住条料搭边或冲压件轮廓以限制条料的送进距离。国家标准中常见的挡料销有三种形式：固定挡料销（图 2 - 46）、活动挡料销（图 2 - 47）和始用挡料销（图 2 - 48）。固定挡料销安装在凹模上，用来控制条料的进距，特点是结构简单、制造方便。由于安装在凹模上，安装孔可能会造成凹模强度的削弱，常用的结构有圆形和钩形挡料销。活动挡料销常用于倒装复合模中。始用挡料销用于级进模中进行初始定位。

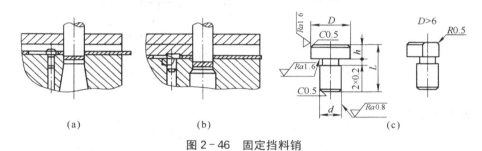

(a)   (b)   (c)

图 2 - 46　固定挡料销

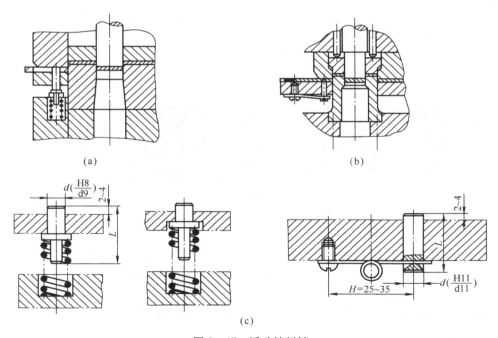

(a)   (b)

(c)

图 2 - 47　活动挡料销

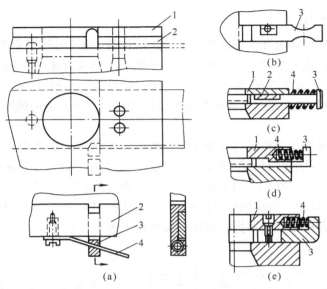

图 2-48   始用挡料销

1—固定卸料板；2—导料板；3—始用挡块；4—簧片(或弹簧)

2. 导正销设计

导正销通常与挡料销配合使用在级进模中，以减小定位误差，保证孔与外形的相对位置尺寸要求。当制件上有适宜于导正销导正用的孔时，导正销安装在落料凸模上。按其固定方法可分为如图 2-49 所示的 6 种。图(a)、(b)、(c)用于直径小于 10 mm 的孔；图(d)用于直径为 10～30 mm 的孔；图(e)用于直径为 20～50 mm 的孔。为了便于装卸，对小的导正销也可采用图(f)所示的结构，其更换十分方便。

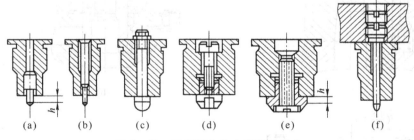

图 2-49   导正销安装在落料凸模上

当制件上没有适宜于导正销导正用的孔时，对于工步数较多、制件精度要求较高的级进模，应在条料两侧的空位处设置工艺孔，以供导正销导正条料使用。此时，导正销固定在凸模固定板上或弹压卸料板上，如图 2-50 所示。

当导正销与挡料销在级进模中配合使用时，导正销和挡料销轴心线的相互位置确定如图 2-51 所示。

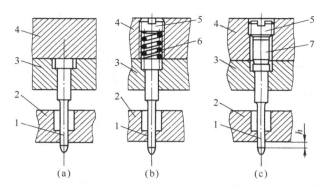

图 2-50 导正销安装在凸模固定板上

1—导正销；2—卸料板；3—凸模固定板；4—上模座；5—螺塞；6—弹簧；7—顶销

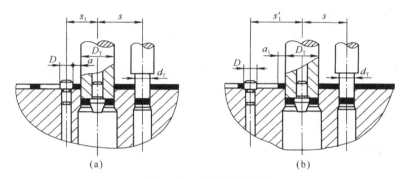

图 2-51 挡料销的位置

如条料按图 2-51a 所示方式定位，挡料销与导正销的轴心线位置距离尺寸可按下式计算：

$$s_1 = s - D_T/2 + D/2 + 0.1 \qquad (2-32)$$

如条料按图 2-51b 所示方式定位，挡料销与导正销的轴心线位置距离尺寸可按下式计算：

$$s_1' = s + D_T/2 - D/2 - 0.1 \qquad (2-33)$$

上二式中，s 为步距（mm）；D_T 为落料凸模直径（mm）；D 为挡料销头部直径（mm）；s_1、s_1' 为挡料销轴心与落料凸模轴心距（mm）。

3. 侧刃设计

在级进模中，常采用侧刃控制送料步距，从而达到准确定位的目的。图 2-52 所示为冲压模具国家标准中推荐的几种侧刃结构。侧刃实质是裁切边料凸模，通过侧刃的两侧刃口切去条料边缘部分材料，形成一台阶。条料切去部分边料后，宽度才能够继续送入凹模，送进的距离为切去的长度（送料步距），当材料送到切料后形成的台阶时，侧刃挡块阻止了材料继续送进（图 2-53）。只有通过模具下一次的工作，新的送料步长才能形成。

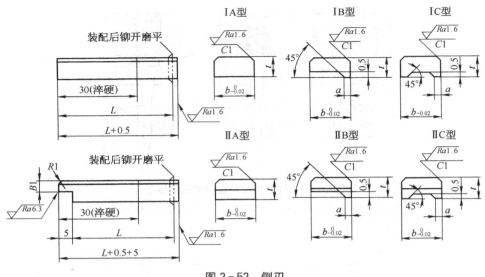

图 2-52 侧刃

上述两类侧刃又可根据断面形状分为多种,其中 IA、IB、IC 为平直型,ⅡA、ⅡB、ⅡC 为有导向台阶型。A 型断面为矩形,称作矩形侧刃,其结构简单、制造方便,但侧刃角部因制造或磨损原因,使切出的条料台肩角部出现圆角和毛刺,造成送料时不能使台肩直边紧靠侧刃挡块 2(图 2-53),致使条料不能准确到位,如图 2-53a 所示。因此,矩形侧刃定距的定位误差 △ 较大,出现的毛刺,也使送料工作不够畅通。矩形侧刃常用于料厚为 1.5 mm 以下且要求不高的一般冲压件冲裁的定位。

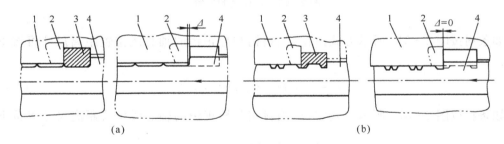

图 2-53 侧刃定位误差
1—导料板;2—侧刃挡块;3—侧刃;4—条料

B 型和 C 型为成形侧刃,从图 2-53b 可知,尽管在条料上仍然有圆角或毛刺产生,但是因圆角和毛刺离开了定位面,所以定位准确可靠。但侧刃形状较前者复杂,且切除边料较大,增加了材料的消耗,常用于冲裁厚度在 0.5 mm 以下或公差要求较严的制件。

在模具设计中,根据材料排样的要求和价值,条料送进的定距、定位精度,可选用单侧刃或双侧刃。单侧刃一般用于步数少、材料较硬或厚度较大的级进模;双侧刃用于步数较多、材料较薄的级进模中。用双侧刃定距较单侧刃定距定位精度高,但材料利用率略有下降。

侧刃沿送料方向的断面尺寸,一般应与步距相等。但在导正销与侧刃兼用的级进模中,侧刃的这一设计尺寸最好比步距稍大 0.05~0.10 mm,才能达到用导正销校正条料位置的目的。侧刃在送料方向的断面尺寸公差,一般按基轴制 h6 制造,在精密级进模中,按 h4 制造;侧刃孔按侧刃实际尺寸加单面间隙配制,侧刃材料的选用与凸模相同。

4. 定位板和定位钉设计

定位板和定位钉是为单个毛坯定位的元件,以保证前后工序相对位置精度或对制件内孔与外轮廓的位置精度的要求。图 2-54 所示为毛坯外轮廓定位。图 2-55 所示为毛坯内孔定位。$D<10$ mm 用的定位钉,$D=10\sim30$ mm 用的定位钉,$D>30$ mm 用的定位板,图 2-55d 为大型非圆孔用的定位板。

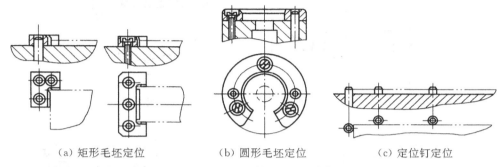

（a）矩形毛坯定位　　（b）圆形毛坯定位　　（c）定位钉定位

图 2-54 定位板和定位钉(以毛坯外缘定位)

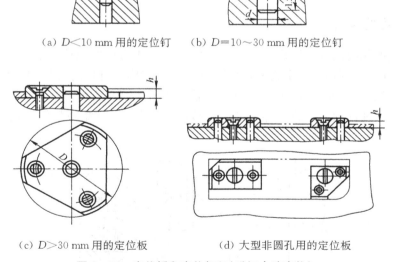

（a）$D<10$ mm 用的定位钉　　（b）$D=10\sim30$ mm 用的定位钉

（c）$D>30$ mm 用的定位板　　（d）大型非圆孔用的定位板

图 2-55 定位板和定位钉(以毛坯内孔定位)

5. 送料方向的控制设计

条料的送料方向是指条料靠着一侧的导料板,沿着设计的送料方向导向送进。标准的导料板结构见冲模国家标准。而采用导料销导料时要选用两个。导料销的结构与挡料销相同。为使条料紧靠一侧的导料板送进,保证送料精度,可采用侧压装置。图 2-56 所示为常用侧压装置的几种结构。簧片式用于料厚小于 1 mm,侧压力要求不大的情况。弹簧压块式和弹簧板式用于侧压力较大的场合。弹簧压板式侧压力均匀,安装在进料口,常用于侧刃定距的级进模。簧片式和压块式使用时,一般设置 2～3 个。

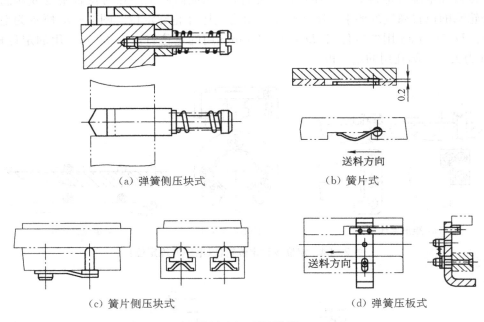

（a）弹簧侧压块式　　　　　　　　（b）簧片式

（c）簧片侧压块式　　　　　　　　（d）弹簧压板式

图 2-56　侧压装置

八、顶件装置的设计

顶件的目的是将制件从凹模中顶出。顶件力通过压力机的横梁(图 2-57)作用在一些传力元件上,并传递到顶件板上将制件(或废料)顶出凹模。打板的形状和顶杆的布置,应根据被顶材料的尺寸和形状来确定。常用打板形式如图 2-58 所示。常见的刚性顶件装置如图 2-59 所示。弹性顶件装置对冲裁件有直接的压平作用,因此冲裁件质量好,如图 2-60所示。

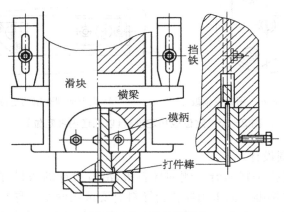

图 2-57　顶件横梁

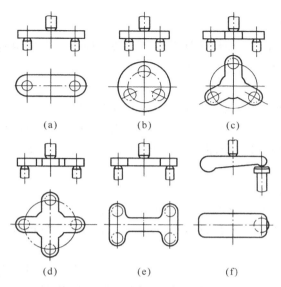

图 2-58　常用打板形式

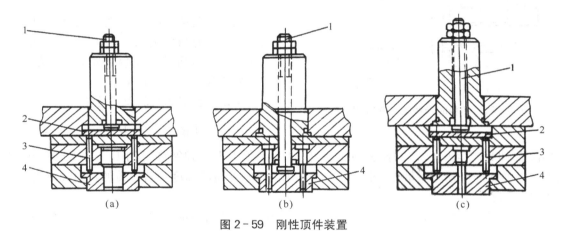

图 2-59　刚性顶件装置

1—打件棒；2—打板；3—顶杆；4—顶件板

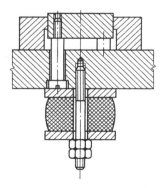

图 2-60　弹性顶件装置

九、弹性元件的选用

弹性卸料与顶件装置中的弹性元件常使用弹簧与橡皮。在选用时都必须同时满足冲裁工艺(包括力和行程)和冲模结构的要求。

1. 弹簧的选用

1) 圆柱螺旋压缩弹簧的选用　这种弹簧都已标准化了。每个型号弹簧的主要技术参数是能承受的工作极限负荷 F_j 与其相对应的工作极限负荷下的变形量 L_j。设计模具时,根据所需的卸料力或顶件力 F_Q 以及所需的最大压缩行程 L_0 来计算 F_j 与 L_j,然后在标准中选用相应规格的弹簧。

选用的一般步骤如下:

(1) 根据模具结构与尺寸,确定可装置弹簧的数目 n。

(2) 计算每个弹簧的卸料或顶件载荷 $F'_Q = F_Q/n$。F'_Q 也即卸料或顶料装置中每个弹簧所受的预压力。

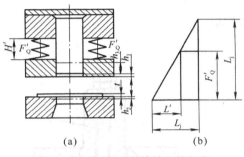

图 2-61　卸料时弹簧的工作行程

(3) 计算卸料或顶件时所需的最大压缩行程 L_0(以卸料工作状态为例,如图 2-61 所示):

$$L_0 = h_1 + t + h_2 + h_3 \qquad (2-34)$$

式中,h_1 为卸料板高出凸模端面的高度,一般为 $0.5 \sim 1$ mm;h_2 为凸模进入凹模的深度,一般为 $0.5 \sim 1$ mm;h_3 为凸模的总修磨量,一般为 $4 \sim 10$ mm;t 为冲裁件厚度(mm)。

(4) 计算弹簧工作时的总行程 $L_总$:

$$L_总 = L' + L_0 \qquad (2-35)$$

式中,L' 即为产生 F'_Q 所需的弹簧预压缩量。$L_总$ 必须不大于弹簧许可的 L_j。图 2-61 中的 H' 即为弹簧产生预压缩量 L'(相应产生预压力 F'_Q)时弹簧的高度。若弹簧的自由高度为 H,则 $H' = H - L'$。

(5) 计算所需弹簧的工作极限负荷 F_j 与工作极限负荷下的变形量 L_j。由虎克定律(图 2-61b):

$$\frac{F'_Q}{L'} = \frac{F_j}{L_j}$$

$$L' + L_0 \leqslant L_j$$

令 $L' = KL_j$,一般取 K 为 60% 左右,对于冲裁模,K 可取大些,对于拉深或弯曲模,K 要取小些。则

$$\frac{F'_Q}{KL_j} = \frac{F_j}{L_j}$$

于是

$$F_j = \frac{F'_Q}{K}$$

由

$$L_j = L' + L_0 = KL_j + L_0$$

于是

$$L_j = \frac{L_0}{1-K} \qquad\qquad (2-36)$$

由上述两式即可由所需的 F'_Q 与 L_0，求出 F_j 与 L_j。

（6）根据求出的 F_j 与 L_j，从标准中选择弹簧型号。

（7）根据模具结构校核 n 个这样的弹簧是否可以安置，如果不合适，再按上述步骤重选。

2）弹簧的安装方法　当卸料螺钉数目与弹簧数目相同时，常采用图 2-62b 或图 2-62c 的形式。若弹簧数多于卸料螺钉数时，则多的弹簧可采用图 2-62d 的形式。采用图 2-62a 的形式有利于缩短凸模或凹模的高度。图 2-62c 的卸料螺钉结构是由一般的内六角螺钉、垫片 1 与套管 2 组成。当凸模刃磨后，只要修磨垫片 1 即可调节卸料板的相应位置，使用比较方便。

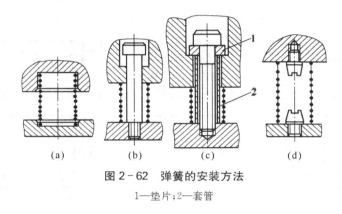

图 2-62　弹簧的安装方法
1—垫片；2—套管

3）强力弹簧的应用　圆柱螺旋压缩弹簧是用圆钢丝绕制而成。强力弹簧是用异型截面的钢丝绕制而成的，其异型截面有矩形、扁圆形等。与圆柱螺旋压缩弹簧相比，强力弹簧具有体积小、变形量大、承载力强等特点。

2. 橡皮的选用

冷冲模中所用橡皮一般为聚氨酯橡胶（PUR）。橡胶允许承受的载荷较弹簧大，并且安装调整方便，所以其在冲裁模中应用很广。

橡胶在压缩后所产生的压力随橡胶牌号、应变量和形状系数（指橡胶承压面积与自由膨胀面积的比值）而变化。模具上安装橡胶的块数、大小大多凭经验，必要时可参考有关橡胶资料进行核算。在模具装配、调整、试冲时，增减橡皮都很方便，直至试冲证明适用为止。

聚氨酯橡胶的总压缩量一般≤35%，对于冲裁模，其预压量一般取 10%～15%。橡胶的高度 H 与直径 D 应有适当比例。一般应保持如下关系：

$$H = (0.5 \sim 1.5)D \qquad\qquad (2-37)$$

如 H 过小（<0.5D 时），可适当放大预压量重新计算；如 H 过大（>1.5D 时），则应将橡胶分成若干段后在其间加钢垫圈，以免失稳弯曲。

十、模架的选用

模架由上、下模座和导向零件组成，是整副模具的骨架，模具的全部零件都固定在它的上面,并承受冲压过程的全部载荷。模具上模座和下模座分别与冲压设备的滑块和工作台固定。上、下模间的精确位置由导柱、导套的导向来实现。常用的模架有滑动式导柱导套模架(图2-63)和滚动式导柱导套模架(图2-64)。GB/T 2851—2008《冲模滑动导向模架》和GB/T 2852—2008《冲模滚动导向模架》列出了各种不同结构形式的标准模架。

图2-63中,图(a)为对角导柱模架。由于导柱安装在模具中心对称的对角线上,所以上模座在导柱上滑动平稳,常用于横向送料级进模或纵向送料的落料模、复合模(X轴为横向,Y轴为纵向)。图(b)、(c)为后侧导柱模架,其中图(c)为窄型,由于前面和左、右不受限制,送料和操作比较方便。因导柱安装在后侧,工作时偏心距会造成导柱导套单边磨损,并且不能使用浮动模柄结构。图(d)、(e)为中间导柱模架,图(e)用于圆形件。导柱安装在模具的对称线上,导向平稳、准确,但只能一个方向送料。图(f)为四导柱模架,具有滑动平稳、导向准确可靠、刚性好等优点,常用于冲压尺寸较大或精度要求较高的冲压零件。

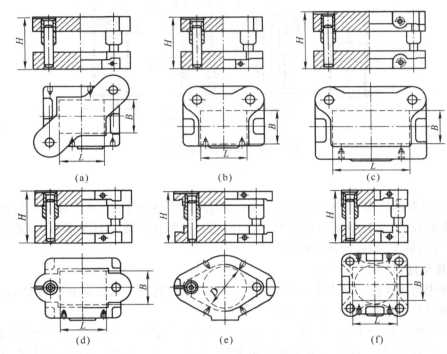

图2-63 滑动式导柱导套模架

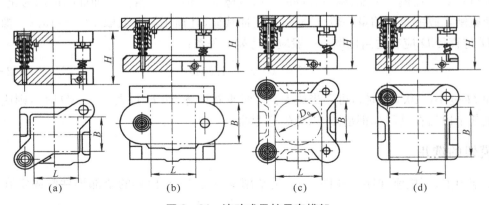

图2-64 滚动式导柱导套模架

　　滚动式导柱导套模架的导向精度高、使用寿命长，主要用于高精度、高寿命的精密模具及薄材料的冲裁模具。

　　模架选用的规格，可根据凹模外形尺寸从标准手册选取。

　　图 2-65 所示是一滑动导向的导柱导套的安装尺寸示意图。此时模具状态为闭合状态，H 为模具的闭合高度。导柱导套的配合精度，根据冲裁模的精度、模具寿命、间隙大小来选用。当冲裁的板料较薄，而模具精度、寿命都有较高要求时，选 H6/h5 配合的Ⅰ级精度模架；板厚较大时可选用Ⅱ级精度的模架（H7/h6 配合）。对于冲薄料的无间隙冲模，高速精密级进模、精冲模、硬质合金冲模等要求导向精度高的模具，还可选择如图 2-66、图 2-67 所示的滚动导向的导向结构。

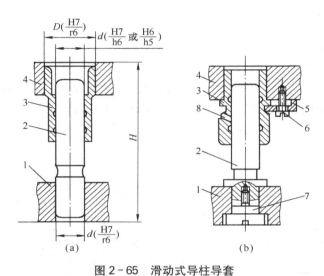

图 2-65　滑动式导柱导套

1—下模座；2—导柱；3—导套；4—上模座；5—压板；6—螺钉；7—特殊螺钉；8—注油孔

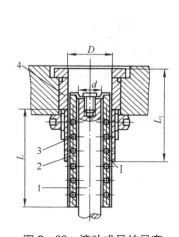

图 2-66　滚动式导柱导套

1—导柱；2—滚珠保持圈；3—滚珠；
4—导套

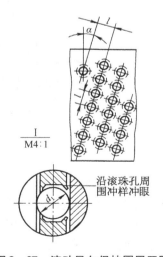

图 2-67　滚动导向保持圈展开图

图 2-66 中,为提高导向精度,滚珠与导柱导套间不仅无间隙,且有 0.01～0.02 mm 过盈量,即

$$D_{导套} = d_{导柱} + 2d_{滚珠} - 0.01 \sim 0.02 \text{ mm} \tag{2-38}$$

所以导向精度高。为了提高导向的刚性,滚珠尺寸必须严格控制,以保证接触均匀。滚珠直径 $d_{滚珠} = 3 \sim 5$ mm,其直径公差不超过 $0.002 \sim 0.003$ mm,椭圆度不超过 $0.001\ 5$ mm。滚珠在保持圈内应以等间距平行倾斜排列(图 2-67),其倾斜角 α 一般取 8°,以增加滚珠与导柱、导套的接触线,使滚珠运动的轨迹互不重合,从而可以减少磨损。滚动导向结构也已列入冷冲模的国家标准。

十一、模柄的选用

中小型模具都是通过模柄固定在压力机滑块上的。对于大型模具则可用螺钉、压板直接将上模座固定在滑块上。

模柄有刚性与浮动两大类。刚性模柄是指模柄与上模座是刚性连接,不能发生相对运动。浮动模柄是指模柄相对上模座能作微小的摆动。采用浮动模柄后,压力机滑块的运动误差不会影响上、下模的导向。用了浮动模柄后,导柱与导套不能脱离。图 2-68 为各种形式的模柄。

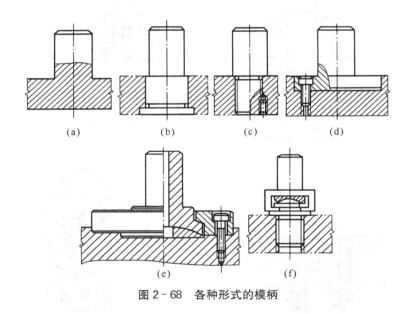

图 2-68　各种形式的模柄

常用的刚性模柄有四种式(图 2-68a～d):图(a)是与上模座做成整体的形式,用于小型模具;图(b)为压入式上模柄,应用较广;图(c)为旋入式模柄,模具刃口要修磨时装拆方便,但要加止转螺钉;图(d)为带凸缘的模柄,用于较大的模具。

常用的浮动模柄有两种形式(图 2-68e、f):图(e)用于大型模具;(f)用于小型模具。

第五节　精密冲裁原理及设计简介

一、精密冲裁原理及特点

1. 精密冲裁的工作原理及过程

精密冲裁属于无屑加工技术,是在普通冲压技术基础上发展起来的一种精密冲压方法,简称精冲。它能在一次冲压行程中获得比普通冲裁件尺寸精度高、冲裁面光洁、翘曲小且互换性好的优质冲压件,并以较低的成本达到产品质量的改善。

精冲是塑性剪切过程,是在专用(三动)压力机上借助于特殊结构的精冲模,在强力的作用下使精冲材料产生塑性剪切。图 2-69 所示的冲裁过程中,落料凸模 1 接触精冲材料 9 之前,通过压力 F_R 使 V 形齿圈 8 将材料压紧在凹模上,从而在 V 形齿的内面产生横向侧压力,以阻止材料在剪切区内撕裂和金属的横向流动。在冲孔凸模压入材料的同时,利用顶件板 4 的反压力 F_G,将材料压紧,并在压紧状态中在冲裁力 F_S 作用下进行冲裁。剪切区内的金属处于三向压应力状态,从而提高了材料的塑性。此时,材料就沿着凹模的刃边形状,呈纯剪切的形式冲裁制件。

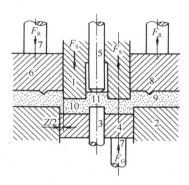

图 2-69　精冲示意图

1—落料凸模;2—凹模;3—冲孔凸模;4—顶件板;5—顶杆;6—压板;7—压杆;8—齿圈;9—精冲材料;10—精冲件;11—内形废料;Z—冲裁间隙

2. 普通冲裁与精密冲裁的工艺特点对比

表 2-21 给出了普通冲裁与精冲的工艺特点对比。根据表 2-21 分析可知,要实现精密冲裁,工艺上必须采取下列特殊措施:

(1)采用带齿圈的压板,产生强烈压边作用力,使塑性剪切变形区形成三向压应力状态,且增加变形区及其邻域的静水压力。

(2)凹模(或凸模)刃尖处制造出 0.02～0.2 mm 左右的小圆角,抑制剪裂纹的发生,限制断裂面的形成,有利工件断面的挤光作用。

(3)采用较小的间隙,甚至为零间隙,使变形区的拉应力尽量小,压应力增大。

(4)施加较大的反顶压力,减小材料的弯曲,同时起到增加压应力的作用。

表 2-21　普通冲裁与精冲的工艺特点对比

技术特征	普通冲裁	精冲
材料分离形式	剪切变形、断裂分离	塑性剪切变形
尺寸精度	ISO 11～13	ISO 6～9
冲裁断面质量:表面粗糙度 $Ra(\mu m)$ 不垂直度 平面度	>6.3 大 大	1.6～0.4 小(单面 0.002 6 mm/1 mm) 小(0.02 mm/10 mm)
模具:间隙 刃口	双边(5%～15%)t 锋利	单边 0.5%t 小圆角

续表

技术特征	普通冲裁	精冲
冲压材料	无要求	塑性好（球化处理）
毛刺	双向、大	单向、小
塌角	20%～30%	10%～25%
压力机	普通（单向力）	特殊（三向力）
润滑	一般	特殊
成本	低	高（回报周期短）

二、精密冲裁件的工艺性

1. 精冲件材料的工艺性

精冲的材料必须具有良好的变形特性（屈服极限低、硬度较低、屈强比较大、断面延伸率高），具有理想的金相组织结构，含碳量低等，以便在冲裁过程中不致发生撕裂现象。以 $\sigma_b=400～500$ MPa 的低碳钢精冲效果最好。但含碳量在 $0.35\%～0.7\%$ 甚至更高的碳钢，以及铬、镍、钼含量低的合金钢，经退火处理后仍可获得良好的精冲效果。值得注意的是，材料的金相组织对精冲断面质量影响很大（特别对含碳量高的材料），最理想的组织是球化退火后均布的细粒碳化物（即球状渗碳体）。至于有色金属，如纯铜、黄铜（含铜量大于62%）、软青铜、铝及其合金（抗拉强度低于250 MPa），都能精冲。铁素体和奥氏体不锈钢（含碳量 $\leqslant 0.15\%$）也能获得较好的精冲效果。

2. 精冲件的结构工艺性

1）圆角半径 为了保证制件质量和模具寿命，要求精冲件避免尖角太小的圆角半径，否则会在制件相应的剪切面上发生撕裂，以及在凸模尖角处崩裂和磨损。制件轮廓的最小圆角半径与材料厚度、力学性能以及尖角角度有关，设计时可参考图2-70。

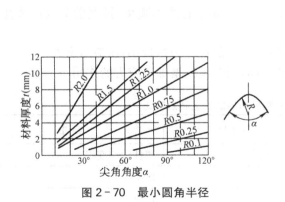

图2-70 最小圆角半径

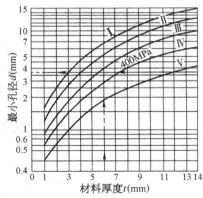

图2-71 最小孔径

Ⅰ—$\sigma_b=750$ MPa；Ⅱ—$\sigma_b=600$ MPa；Ⅲ—$\sigma_b=450$ MPa；Ⅳ—$\sigma_b=300$ MPa；Ⅴ—$\sigma_b=150$ MPa

2）孔径、槽宽和壁厚 精冲件的孔径 d 和槽宽 b 不能太小，否则也会影响模具寿命和制件质量。冲孔的最小孔径可查图2-71，最小槽宽可查图2-72。精冲件的壁厚是指孔、槽之间,或孔、槽内壁与制件外缘之间的距离,同轴圆弧的壁厚和直边部分的壁厚均可视为窄带,可由图 2-72 的窄槽值粗略确定,也可参考有关精冲件设计资料。

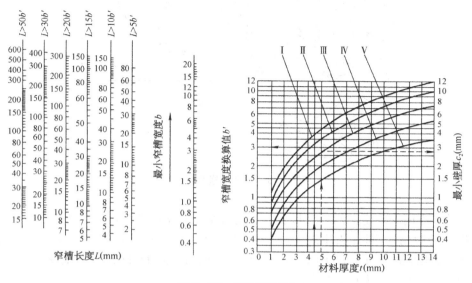

图 2-72　槽宽和壁厚

三、精密冲裁模的设计要点

1. 设计要求和内容

1) 设计要求　精冲模是实现精冲工艺的重要手段,除了要满足普通冲裁模设计要求外,还要特别注意以下几个方面:

(1) 模具结构必须满足精冲工艺要求,并能在工作状况下形成立体压应力体系;

(2) 模具需具有较高的强度和刚度,功能可靠,导向精度良好;

(3) 认真考虑模具的润滑、排气,并能可靠清除冲出的制件及废料;

(4) 合理选用精冲模具材料、热处理方法和模具零件的加工工艺性;

(5) 模具结构简单、维修方便,具有良好的经济性。

2) 设计内容　包括分析精冲件的工艺性,确定精冲工艺顺序,进行精冲模具总体结构设计以及精冲辅助工序的设计等。

2. 精冲的排样和精冲力的计算

排样直接影响材料的利用率。此外,模具的各工作零件的布置和结构形状也取决于合理的排样。因此,在进行排样时不仅要考虑材料的利用率,而且还要考虑到实现精冲工艺的可行性。排样与制件的质量和经济性密切相关。

1) 精冲件的排样设计

要注意以下几个方面:

(1) 合理的材料利用率。在对图 2-73 所示冲件进行排样时,为充分考虑提高材料利用率,可采用对头排。排样时要特别注意零件间要留有足够的齿圈位置。排样方法和材料利用率的计算,前面已经讨论过,在此不再赘述。

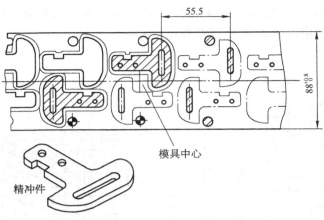

图 2-73 安全带搭扣排样图

（2）排样方向的确定。制件形状复杂或光洁面要求较高的部分应尽可能放在送料侧，因为这样搭边最为充分，同时从冲裁过程来看，材料整体部分的变形阻力比侧搭边部分大，故最为稳定，易使冲裁断面光洁（图 2-74）。精冲弯曲（折弯）制件时，弯曲线要与材料轧制方向垂直或成一定角度，以免弯角处出现裂纹。

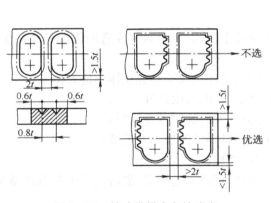

图 2-74 精冲排样方向的确定

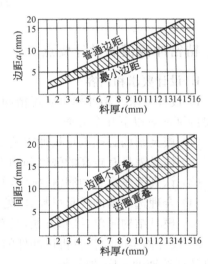

图 2-75 搭边尺寸

（3）搭边计算。由于精冲时压边圈上带有 V 形齿圈，故搭边、边距和步距数值都较普通冲裁大。影响它们的因素主要有制件冲裁断面质量、料厚及材料强度、制件形状、齿圈分布。搭边和边距数值一般比普通冲裁大：制件与制件间搭边 $a \geqslant 2t$，制件与料边边距 $a_1 \geqslant 1.5t$。制件与制件的搭边和制件与料边边距的数值也可直接由图 2-75 求得。

2）精冲力计算 由于精冲是在三向受力状态下进行冲裁的，其变形抗力比普通冲裁要大得多。保证精冲需要的工艺力，是实现精冲工艺的重要工艺参数。精冲总压力为

$$F_{P总} = F_{P冲裁} + F_{P压边} + F_{P反压} \tag{2-39}$$

其中 $\qquad F_{P冲裁} = Lt\sigma_b f_1, \quad F_{P压边} = Lh\sigma_b f_2, \quad F_{P反压} = S_F \cdot p$

式中，f_1 为系数，0.6～0.9，常取 0.9；L 为剪切轮廓线长；f_2 为系数，常取 4；h 为齿圈高度；S_F 为制件受压面积；p 为制件的单位反压力，取 20～70 MPa，大面积时取大值，小面积、薄制件取小值。

四、精密冲裁模具特点

与普通冲模结构相比，精冲模具有以下特点：

(1) 精冲模有凸出的齿形压边圈，材料在压边圈和凹模、反压板和凸模的压紧下实现冲裁，工艺要求其压边力和反压力远远大于普通冲裁的卸料力、顶件力，以满足在变形区建立起三向不均匀压应力状态，因此精冲模受力比普通冲模大，刚性要求更高。

(2) 精冲凸模和凹模之间的间隙小，大约是料厚的 0.5%，而普通冲裁模的间隙约为料厚的 5%～15%（甚至更大）。

(3) 冲裁完毕模具开启时，反压板将制件从凹模内顶出，压边圈将废料从凸模上卸下，不必另外需要顶件和卸料装置。

(4) 精冲模必须置于有三向作用力的精冲压力机上，且三个力可以独立调节；精冲模具还需设计专门的润滑和排气系统。

第六节　冲裁模设计的一般步骤

冲裁模设计的一般步骤如下。

一、冲裁件的工艺性

冲裁件的工艺性是指冲裁件的结构、形状、尺寸等对冲裁工艺的适应性。在设计冲裁模之前，首先要对冲裁件的工艺性进行分析。所谓冲裁件的工艺性能好，就是指能用一般的冲裁方法，在模具寿命较高、生产率较高、成本较低的条件下得到质量合格的冲裁件。

冲裁件工艺性主要包括以下几个方面：

1) 冲裁件的精度等级　冲裁件的精度一般可达 IT12～IT10 级，较高精度可达 IT10～IT8 级，冲孔的精度比落料约高一级。如果制件精度高于上述要求，则在冲裁后需通过整修或采用精密冲裁。

2) 冲裁件的结构工艺性　冲裁件的结构形状应力求简单、对称、圆角过渡，以便模具加工，减少热处理或冲压时在尖角处开裂的现象。同时也能防止尖角部位刃口的过快磨损。

冲裁件的结构形状还应尽可能避免过长的悬臂和切口，并有利于排样时材料的经济利用。

3) 冲裁件的尺寸　冲裁时，由于受到凸、凹模强度与模具结构的限制，冲裁件的最小尺寸有一定的限制。如冲孔的最小尺寸、孔距的最小尺寸、孔与边缘的最小孔边距、制件悬臂与窄槽的最小宽度等，都有一定的限制，如图 2-76 所示。

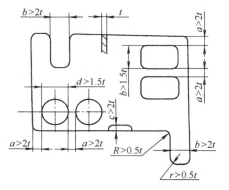

图 2-76　冲裁件有关尺寸的限制

二、确定冲裁工艺方案

确定工艺方案就是确定制件的工艺路线,主要包括冲压工序数、工序的组合和顺序等。

确定合理的冲裁工艺方案,应在工艺分析的基础上,根据冲裁件的生产批量、尺寸精度的高低、尺寸大小、形状复杂程度、材料的厚薄、冲模制造条件与冲压设备条件等多方面因素,拟订出多种可能的不同工艺方案进行分析与研究,比较其综合的经济技术效果,选择一个合理的冲压工艺方案。

确定工艺方案,主要就是要确定用单工序模还是用复合模或级进模。对于模具设计来说,这是首先要确定的重要一步,属于总体设计的范畴。

表 2 - 22 列出了生产批量与模具类型的关系。表 2 - 23 列出了级进模与复合模的性能比较。两个表格从各个方面比较了各种工序组合方式的各自特点,在确定工艺方案时可供参考。

表 2 - 22 生产批量与模具类型的关系 (千件)

项目	生产批量				
	单件	小批	中批	大批	大量
大型件 中型件 小型件	<1	1～2 1～5 1～10	>2～20 >5～50 >10～100	>20～300 >50～1 000 >100～5 000	>300 >1 000 >5 000
模具类型	单工序模 组合模 简易模	单工序模 组合模 简易模	单工序模 级进模、复合模 半自动模	单工序模 级进模、复合模 自动模	硬质合金级进模、 复合模、自动模

注:表内数字为每年班产量数值。

表 2 - 23 级进模与复合模的性能比较

	项目	级进模	复合模
制件情况	尺寸精度	可达 IT13～IT10 级	可达 IT9～IT8 级
	制件形状	可加工复杂制件,如宽度极小的异形件、特殊形件	形状与尺寸要受模具结构与强度的限制
	孔与外形的位置精度	较差	较高
	制件的平整性	较差,易弯曲	推板上落料,平整
	制件尺寸	宜较小制件	可加工较大制件
	制件料厚	0.6～6 mm	0.05～3 mm
工艺性能	操作性能	方便	不方便,要手动进行卸料
	安全性	比较安全	不太安全
	生产率	可采用高生产率高速压力机	不宜高速冲裁
条料宽度		要求严格	要求不严格 可利用边角余料
模具制造		形状简单的制件比复合模容易	形状复杂制件比级进模容易

确定工艺方案的主要原则有以下三点:

1) 保证冲裁件质量 用复合模冲出的制件精度高于级进模,而级进模又高于单工序模。这是因为用单工序模冲压多工序的冲裁件时,要经过多次定位和变形,产生积累误差大,冲裁件精度较低。复合模是在同一位置一次冲出,不存在定位误差。因此,对于精度较高的冲裁件宜用复合工序进行冲裁。

2) 经济性原则 在保证质量的前提下,应尽可能降低成本、提高经济效益。所以,对于中批大量的冲裁件,应尽量采用高效率的多工序模,而在试制与小批量生产时应尽可能采用单工序模与各种形式的简易模具。

3) 安全性原则 工人操作是否方便、安全也是在确定工艺方案时要考虑的一个十分重要的问题。对于一些形状复杂、需要进行多道工序冲压的小型冲裁件,如果用单工序模进行冲裁,需用手钳放置毛坯,多次进出危险区域,很不安全。因此,对于这类冲裁件,有时即使批量不大,也采用比较安全的级进模进行冲压。

三、确定冲裁模具的总体结构形式

确定冲裁工艺方案之后,就要确定模具的各个部分的具体结构,包括上、下模的导向方式及其模架的确定,毛坯定位方式的确定,卸料、压料与出件方式的确定,主要零部件的定位与固定方式以及其他特殊结构的设计等。

在进行上述模具结构设计时,还应考虑凸模和凹模刃口磨损后修磨方便,易损坏的与易磨损的零件拆换方便,重量较大的模具应有方便的起运孔或钩环,模具结构要在各个细小的环节尽可能考虑到操作者的安全等。

四、进行工艺计算

主要包括凸、凹模刃口尺寸计算,排样设计和材料利用率计算,冲压力计算,压力中心的确定,压力机的初步选择等。

五、进行模具主要零部件的设计与选用

具体参考本章第四节。

六、校核压力机技术参数

模具的闭合高度必须与压力机的装模高度相适应。模具的闭合高度 $H_{模具}$ 应介于压力机的最大装模高度 H_{max} 与最小装模高度 H_{min} 之间,如图 2 - 77 所示,否则就不能保证正常的安装与工作。其关系式为

$$H_{min} + 10 \text{ mm} \leqslant H_{模具} \leqslant H_{max} - 5 \text{ mm}$$

$$(2 - 40)$$

若模具的闭合高度 $H_{模具} > H_{max}$,则该压力机不能用;若 $H_{模具} < H_{min}$,则可以再加垫板。

模具的其他外形结构尺寸也必须与压力机相适

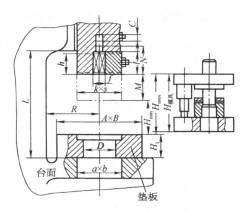

图 2 - 77 模具的闭合高度与压力机的装模高度

应。如模具外形轮廓平面尺寸与压力机的滑块底面尺寸与工作台面尺寸、模具的模柄与滑块的模柄孔尺寸、模具下模座下弹顶装置的平面尺寸与压力机工作台面孔的尺寸等都必须相适应,才能使模具正确地安装和正常使用。

表 2 - 24 列出了选用压力机时应与所设计模具协调的各项技术规格。

表 2 - 24　压力机的技术规格

符号	主要数据	度量单位
F	公称压力	kN
h	滑块行程	mm
n	行程次数	r/min
M	装模高度调节量(即封闭高度调节量)	mm
H_{max}	压力机的最大装模高度(即最大封闭高度)	mm
L	台面到导轨的距离	mm
R	滑块中心到机身距离	mm
$A_1 \times B_1$	工作台尺寸	mm
$a \times b$	工作台孔尺寸	mm
$A \times B$	垫板尺寸	mm
H_1	垫板厚度	mm
D	垫板孔径	mm
$k \times s$	滑块底面尺寸	mm
f	滑块方孔尺寸	mm
l	滑块方孔深度	mm
N	顶件横梁到滑块下表面之间的距离	mm
C	顶件横梁行程	mm
H_{min}	压力机的最小装模高度($H_{max} - M$)	mm

七、绘制模具总装图及非标准零件图

在模具的总体结构及其相应的零部件结构形式确定后,便可绘制模具总装图和零件图。总装图和零件图均应严格按照制图标准绘制,考虑到模具图的特点,允许采用一些常用的习惯画法。

1. 绘制模具总装图

模具总装图是拆绘模具零件图的依据,应清楚表达各零件之间的装配关系以及固定连接方式。模具总装图的一般布置情况如图 2 - 78 所示。完整的总装图应符合下述要求:

1)主视图　主视图是模具总装图的主体部分,一般应画上、下模剖视图。绘制的模具可处于闭合状态或接近闭合高度,也可一半处于工作状态,另一半处于非工作状态。

2)俯视图　俯视图一般是反映模具下模的上平面。对于对称制件,也可以一半表示上模的上平面,一半表示下模的上平面。对于非对称制件,需要时上、下模俯视图可分别画出。

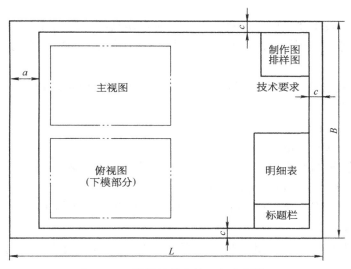

图 2-78　模具总装图的一般布置情况

L、B—图样的长度和宽度尺寸；a、c—图样的长度和宽度尺寸

它们均只俯视可见部分。有时为了了解模具零件之间的位置关系，对未见部分用虚线表示。俯视图与主视图的中心线重合。下模俯视图中的排样图轮廓线要用双画划线表示。

　　3）侧视图、局部视图和仰视图　这些视图一般情况下不要求画出。只有当模具结构过于复杂，仅用上述主、俯视图难以表达清楚时，才有必要画出，但也宜少勿多。

　　4）制件图　制件图是经模具冲裁后所得冲件的形状和尺寸。制件图应严格按比例画出，其方向应与冲压方向一致（即与零件在模具总图中的位置一样）。如果不一致，必须用箭头注明冲压方向。制件图要注明制件的名称、材料、厚度及有关技术要求。

　　5）排样图　对于落料模、含有落料的复合模及级进模，必须绘出排样图。复杂的多工位级进模，其排样图可单独绘制在另一张图样上。

　　6）标题栏和明细表　标题栏和明细表应放在总图的右下角，若图面位置不够时，可另立一页。总装图中的所有零件（含标准件），都要详细填写在明细表中。标题栏和明细表的格式各工厂也不尽相同，图 2-79 所示模具总装图的标题栏和明细表可供参考。

序号	名称	数量	材料	热处理	代号	规格	备注
					标准零件		
设计					图号		
制图					图样标记	重量	比例
审核			（模具名称）				
校对					共　张	第　张	
描图					（工厂名称）		

图 2-79　模具总装图的标题栏和明细表

7) 技术要求　技术要求中一般只简要注明对本模具的使用、装配等要求和应注意的事项,例如冲压力大小、所选设备型号、模具标记及相关工具等。当模具有特殊要求时,应详细注明有关内容。

应当指出,模具总装图中的内容并非是一成不变的,在实际设计中可根据具体情况,允许做出相应的增减。

2. 绘制模具零件图

1) 绘制模具图应符合的要求

(1) 视图要完整,且宜少勿多,以能将零件结构表达清楚为限。

(2) 尺寸标注要齐全、合理,符合国家标准。

(3) 制造公差、形位公差、表面粗糙度选用要适当,既要满足模具加工质量要求,又要考虑尽量降低制模成本。

(4) 注明所用材料牌号、热处理要求以及其他技术要求。技术要求通常放在标题栏的上方。

(5) 标题栏格式各工厂也不尽相同,图 2-80 所示为模具零件图的标题栏,可供参考。

设计				图号			
制图				图样标记	数量	重量	比例
审核							
校对				共　张		第　张	
描图							

图 2-80　模具零件图的标题栏

模具总装图中的非标准零件,均需分别画出零件图,一般的工作顺序也是先画工作零件图,再依次画其他各部分的零件图。有些标准零件需要补充加工(例如上、下标准模座上的螺孔、销孔等)时,也需画出零件图,但在此情况下,通常仅画出加工部位,而非加工部位的形状和尺寸则可省去不画,只需在图中注明标准件代号与规格即可。

2) 绘制模具零件图需要强调的事项

(1) 应尽量按该零件在总装图中的装配方位画出,不要任意旋转或颠倒,以防画错,影响模具图审核及模具装配,造成不必要的麻烦,尤其对于带有对称多孔的零件更是如此。

(2) 对于总装图中有相关尺寸的零件,应尽量一块标注尺寸及公差,以防出错。例如各孔的中心距尺寸、配合尺寸及工作零件的刃口尺寸等。

(3) 在对零件图的视图、尺寸标注、配合公差、形位公差、表面粗糙度等检查认为无误后,再填写有关技术要求和标题栏内容。

对于无须再补充加工的标准件,只在总装图的明细表中注明标准件代号与规格,不需再画零件图。显而易见,选用较多的标准件,对于简化模具设计、缩短模具制造周期、稳定模具加工质量、方便模具维修等方面,无疑会收到良好的效果。

表 2-25 模具图常见的习惯画法

模具零件或结构	模具图中习惯画法
内六角螺钉和圆柱销	同一规格、尺寸的内六角螺钉和圆柱销,在模具总装配图中的剖视图中可各画一个,引一个件号,当剖视图中不易表达时,也可从俯视图中引出件号。内六角螺钉和圆柱销在俯视图中分别用双圆(螺钉头外径和窝孔)及单圆表示,当剖视位置比较小时,螺钉和圆柱销可各画一半。在总装配图中,螺钉过孔一般情况下要画出
弹簧窝座及圆柱螺旋压缩弹簧	在冲模中,大多数习惯采用简化画法画弹簧,用双点画线表示,见本表图(a)。当弹簧个数较多时,在俯视图中可只画一个弹簧,其余只画窝座
直径尺寸大小不同的各组孔	直径尺寸大小不同的各组孔可用涂色、符号、阴影线区别,见本表图(b)

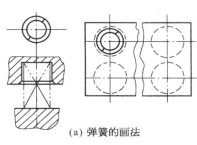
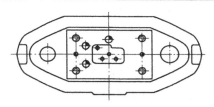

(a) 弹簧的画法　　　　　　　(b) 直径尺寸不同的孔的表示

3) 模具图常见的习惯画法　模具图中的画法主要按机械制图的国家标准规定,考虑到模具图的特点,允许采用一些常用的习惯画法,见表 2-25。

八、编写模具设计说明书

模具设计计算说明书,如同冲压工艺卡片一样,也是冲压设计的重要技术文件。对于一些重要或多工序冲压件的工艺制定和模具设计,不仅需编写出冲压工艺卡片,而且作为模具设计和指导生产的依据,也应在模具设计的最后阶段,整理、编写出模具设计计算说明书,以供日后查阅或供改进工艺及模具设计时参考。模具设计计算说明书一般包括下列内容。

1. 设计题目

设计题目包括产品制件名称及制件图、原材料种类及规格、生产批量(万件/年)、技术要求等。

2. 冲压件的工艺性分析

工艺分析是制定工艺方案的基础,包括技术分析和经济分析两方面内容。从技术方面看,主要分析冲压件的形状特点、尺寸大小、精度要求及材料性能等是否适应冲压加工的要求,即审查冲压件的工艺性。从经济方面看,主要根据冲压件的生产批量,分析产品成本,阐明采用冲压加工能否取得良好的经济效益,即分析冲压加工在技术上的可行性和经济上的合理性。

3. 冲压工艺方案的制定

对于任一冲压件,尤其是形状复杂的冲压件,采用冲压加工时往往有不同的工艺方案。应首先列出各种可能的工艺方案,然后通过对产品质量、生产效率、设备条件、制模条件、模具寿命、冲压操作和安全以及经济性等方面的综合分析与比较,确定出一种最佳方案。所谓最佳方案总是相对而言的,它与工厂的具体生产条件有关。即在满足零件质量和生产批量要求的前提下,与工厂具体生产条件相适应的、在技术和经济上都较为合理的工艺方案,即为最佳方案。

4. 模具总体结构的确定

(1)确定模具总体结构(如正、倒装结构,卸料、出件、压料方式,定位、导向方式等的选择理由及说明)。

(2)绘制出缩小比例的模具总装简图。

5. 冲压工艺计算

无论工艺设计还是模具设计过程中,都必须进行有关的工艺计算。工艺计算主要包括:

(1)坯料尺寸计算;

(2)排样及裁板方式的经济性分析,材料利用率计算;

(3)工序性质和数量的确定,工序件形状及尺寸计算(如拉深次数及拉深工序件形状与尺寸的确定);

(4)冲压工艺力计算及设备选择;

(5)模具压力中心的计算;

(6)凸、凹模工作部分尺寸及公差的确定。

6. 模具主要零件结构设计的分析与说明

主要包括零件结构形式的分析、主要零件的强度校核,标准零件的选用和计算,模具材料选择、公差配合选择及技术要求的有关说明等。

7. 压力机参数校核

8. 主要参考资料

上述只是设计冲裁模时的大致工作过程,反映了在设计时所应考虑的主要问题及要做的工作。具体设计时,这些内容往往都是交错进行的。

第七节　冲裁模具设计典型案例

本章冲裁模具设计典型案例选择电器产品中的磁轭。制件图如图 2 - 81 所示,材料为 Q235 钢板,厚度为 1.5 mm,某厂年产量为 30 万件。

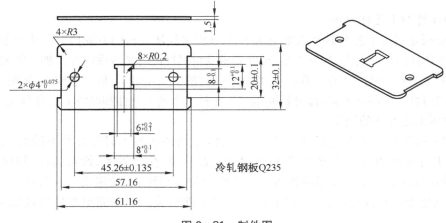

冷轧钢板Q235

图 2 - 81　制件图

一、冲裁件工艺性分析

通过对制件材料、尺寸精度和形状等进行分析,得出结论是适合冲裁。

二、冲裁工艺方案的确定

该制件包括落料、冲孔两个基本工序,可有以下三种工艺方案:

方案一:先落料,后冲孔。采用单工序模生产。

方案二:落料-冲孔复合冲压,采用复合模生产。

方案三:冲孔-落料连续冲压,采用级进模生产。

分析比较后,决定采用方案二。

三、冲裁模具的总体结构形式确定

采用倒装复合模,弹性卸料装置,刚性顶件结构,冲孔废料从漏料孔漏下,凸凹模和凸模均采用固定板固定,活动导料销进行导料,模架采用中间导柱滑动模架。模具总装图参见本章第二节中图 2-12。

四、工艺计算过程

1. 凸、凹模刃口尺寸确定

用凸模和凹模分开加工法,分别计算其落料及冲孔的凹模和凸模刃口尺寸及其制造公差。

查表 2-7,得 $Z_{max}=0.15$ mm, $Z_{min}=0.12$ mm,由

$$|\delta_{凸}|+|\delta_{凹}|\leqslant Z_{max}-Z_{min}$$

可得

$$|\delta_{凸}|+|\delta_{凹}|\leqslant 0.15-0.12=0.03 \text{ mm}$$

取 $\delta_{凹}=0.02$ mm, $\delta_{凸}=0.01$ mm

落料尺寸: $A(57.16, 61.16, 32\pm0.1, R3)$, $B(20\pm0.1)$;

冲孔尺寸: $A(8_{-0.1}^{0})$, $B(4_{0}^{+0.075}, 12_{0}^{+0.1}, 8_{0}^{+0.1}, 6_{-0.1}^{+0.2}, R0.2)$;

冲孔孔距: $C(45.26\pm0.135)$。

1) 落料　先确定凹模刃口尺寸,然后把间隙放在凸模上。

$$A_{凹}=(A_{max}-\chi\Delta)_{0}^{+\delta_{凹}}; A_{凸}=(A_{凹}-Z_{min})_{-\delta_{凸}}^{0}$$

$A_{凹}(57.16)=57.16_{0}^{+0.02}$ mm, $A_{凸}(57.16)=(57.16-0.12)_{-0.01}^{0}=57.04_{-0.01}^{0}$ mm

$A_{凹}(61.16)=61.16_{0}^{+0.02}$ mm, $A_{凸}(61.16)=(61.16-0.12)_{-0.01}^{0}=61.04_{-0.01}^{0}$ mm

$A_{凹}(32)=(32.1-0.5\times0.2)_{0}^{+0.02}=32_{0}^{+0.02}$ mm, $A_{凸}(32)=(32-0.12)_{-0.01}^{0}=31.88_{-0.01}^{0}$ mm

$A_{凹}(R3)=(3.0)=3$ mm, $A_{凸}(R3)=(3-0.12/2)=2.94$ mm

$$B_{凹}=(B_{min}+\chi\Delta)_{-\delta_{凹}}^{0}; B_{凸}=(B_{凹}+Z_{min})_{0}^{+\delta_{凸}}$$

$B_{凹}(20)=(19.9+0.5\times0.2)_{-0.02}^{0}=20_{-0.02}^{0}$ mm, $B_{凸}(20)=(20+0.12)_{0}^{+0.01}=20.12_{0}^{+0.01}$ mm

2) 冲孔　先确定凸模刃口尺寸,然后把间隙放在凹模上。

$$A_{凸}=(A_{max}-\chi\Delta)_{0}^{+\delta_{凸}}; A_{凹}=(A_{凸}-Z_{min})_{-\delta_{凹}}^{0}$$

$A_{凸}(8)=(8-0.5\times0.1)_{0}^{+0.01}=7.95_{0}^{+0.01}$ mm, $A_{凹}(8)=(7.95-0.12)_{-0.02}^{0}=7.83_{-0.02}^{0}$ mm

$$B_{凸} = (B_{\min} + \chi\Delta)_{-\delta_{凸}}^{0} \; ; \; B_{凹} = (B_{凸} + Z_{\min})_{0}^{+\delta_{凹}}$$

$$B_{凸}(4) = (4.0 + 0.75 \times 0.075)_{-0.01}^{0} = 4.06_{-0.01}^{0} \, \text{mm}, \; B_{凹}(4) = (4.06 + 0.12)_{0}^{+0.02} = 4.18_{0}^{+0.02}\text{mm}$$

$$B_{凸}(12) = (12.0 + 0.5 \times 0.1)_{-0.01}^{0} = 12.05_{-0.01}^{0}\text{mm}, \; B_{凹}(12) = (12.05 + 0.12)_{0}^{+0.02} = 12.17_{0}^{+0.02}\text{mm}$$

$$B_{凸}(8) = (8.0 + 0.5 \times 0.1)_{-0.01}^{0} = 8.05_{-0.01}^{0}\text{mm}, \; B_{凹}(8) = (8.05 + 0.12)_{0}^{+0.02} = 8.17_{0}^{+0.02}\text{mm}$$

$$B_{凸}(6) = (6.1 + 0.5 \times 0.1)_{-0.01}^{0} = 6.15_{-0.01}^{0}\text{mm}, \; B_{凹}(6) = (6.15 + 0.12)_{0}^{+0.02} = 6.27_{0}^{+0.02}\text{mm}$$

$$B_{凸}(R0.2) = 0.2 \, \text{mm}, \; B_{凹}(R0.2) = 0.2 + 0.12/2 = 0.26 \, \text{mm}$$

冲孔孔距：$C_{凹} = (C) \pm \Delta/8$

$C_{凹}(45.26) = [(45.26) \pm 0.03]\text{mm}$，取 $(45.26 \pm 0.01)\text{mm}$。

2. 排样设计及材料利用率计算

采用有废料排样法,查表 2-12,根据材料厚度 1.5 mm,矩形长度 $L > 50$,得搭边值 $a = 2.0$ mm、$a_1 = 1.8$ mm。

计算材料利用率

$$\eta = \frac{S}{S_0} \times 100\% = \frac{S}{AB} \times 100\%$$

式中,η 为材料利用率;S 为制件的实际面积,包括制件面积与废料面积;S_0 为所用材料面积;A 为步距(相邻两个制件对应点的距离);B 为条料宽度。

则

$$\eta = \frac{S}{S_0} \times 100\% = \frac{S}{AB} \times 100\%$$
$$= \frac{1\,855}{33.8 \times 65.2} \times 100\%$$
$$= 84\%$$

排样设计结果如图 2-9b 所示。

3. 冲压力计算

通过查表 1-7,取 Q235 的抗拉强度为 400 MPa,通过查表 2-16,取 $K_{卸} = 0.03$、$K_{推} = 0.05$、$K_{顶} = 0.06$。则冲压力计算过程如下：

$$F_{落} = Lt\sigma_b = 189.4 \times 1.5 \times 400 = 113\,640 \, \text{N}$$
$$F_{冲孔} = Lt\sigma_b = 68.5 \times 1.5 \times 400 = 41\,100 \, \text{N}$$
$$F_{冲裁} = F_{落} + F_{冲孔} = 113\,640 + 41\,100 = 154\,740 \, \text{N}$$
$$F_{卸} = K_{卸} F_{落} = 0.03 \times 113\,640 = 3\,409.2 \, \text{N}$$
$$F_{推} = nK_{推} F_{冲孔} = 2 \times 0.05 \times 41\,100 = 4\,110 \, \text{N}$$
$$F_{顶} = K_{顶} F_{冲裁} = 0.06 \times 154\,740 = 9\,284.4 \, \text{N}$$
$$F_{冲压} = F_{冲裁} + F_{卸} + F_{推} = 154\,740 + 3\,409.2 + 4\,110 \approx 163 \, \text{KN}$$

初步选择压力机为 JC23-25。

4. 压力中心确定

由于该制件为对称结构,所以压力中心即为制件的几何中心。

五、模具主要零部件设计与选用

1）落料凹模设计　落料凹模刃口形式选用直刃口。

凹模厚度 $H=Kb(\geqslant 15\ \text{mm})$。查表 2-18，根据材料厚度 1.5 mm、$b=61.16$ mm，得 $K=0.25$，则

$$H = 0.25 \times 61.16 = 15.29 \approx 15.3\ \text{mm}$$

凹模壁厚 $c=(1.5\sim 2)H(\geqslant 30\sim 40\ \text{mm})$，则

$$c = 2 \times 15.3 = 30.6\ \text{mm}$$

凹模外形尺寸 $L\times B\times H$，其中

$$L = 61.16 + 2 \times 30.6 = 122.36\ \text{mm},\ B = 32 + 2 \times 30.6 = 93.2\ \text{mm}$$

调整凹模外形尺寸 $L\times B\times H$，选用标准件，取 $L\times B\times H = 120\times 100\times 25$。

2）固定板、卸料板、垫板外形尺寸确定　取值同凹模，凸模固定板取 $120\times 100\times 12$，凸凹模固定板取 $120\times 100\times 14$，卸料板取 $120\times 100\times 12$，垫板取 $120\times 100\times 6$。

3）凸凹模设计　凸凹模采用直通式结构，内孔为冲孔凹模，刃口形式选用图 2-30 中图 V 的结构。

凸凹模长度 $L = h_1 + h_2 + t + (15\sim 20) = 14 + 12 + 1.5 + (15\sim 20) = (42.5\sim 47.5)\text{mm}$，取 $L = 50$ mm。

4）模具主要零件的具体设计结果　见表 2-26。

表 2-26　主要模具零件图

名称	图示	技术条件
凸凹模	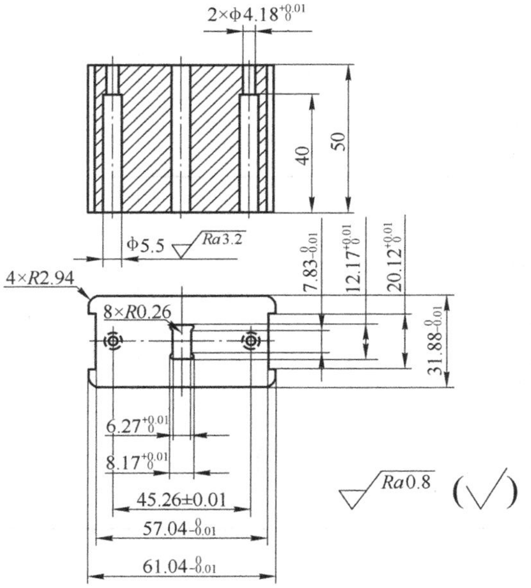	58～62 HRC 材料：Cr12MoV 数量：1件

名称	图示	技术条件
落料凹模	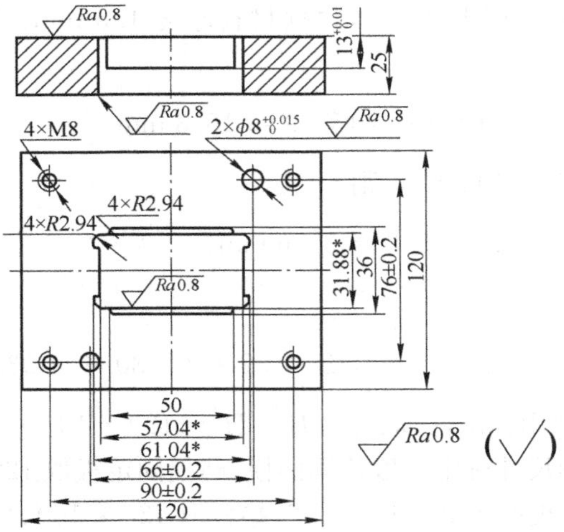	注 * 尺寸与凸凹模配制，保证 $Z = 0.12 \sim 0.15$ mm $60 \sim 64$ HRC 材料：Cr12MoV 数量：1件
异形凸模	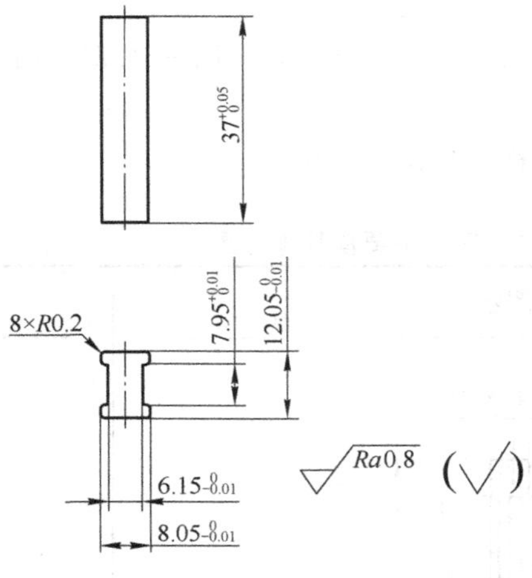	$58 \sim 62$ HRC 材料：Cr12MoV 数量：1件
冲孔凸模	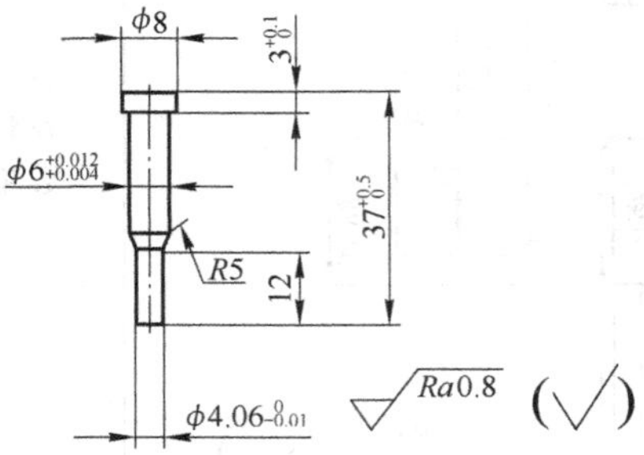	$58 \sim 62$ HRC 材料：Cr12MoV 数量：2件

续表

名称	图示	技术条件
下固定板	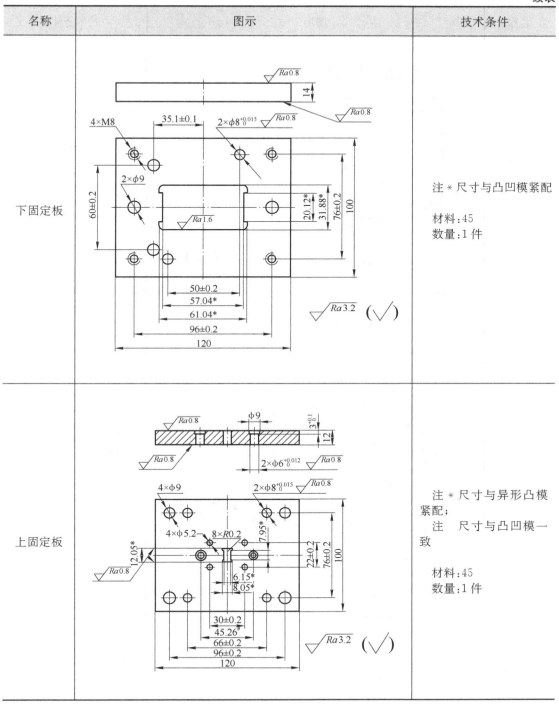	注 * 尺寸与凸凹模紧配 材料:45 数量:1 件
上固定板		注 * 尺寸与异形凸模紧配; 注 尺寸与凸凹模一致 材料:45 数量:1 件

名称	图示	技术条件
上垫板	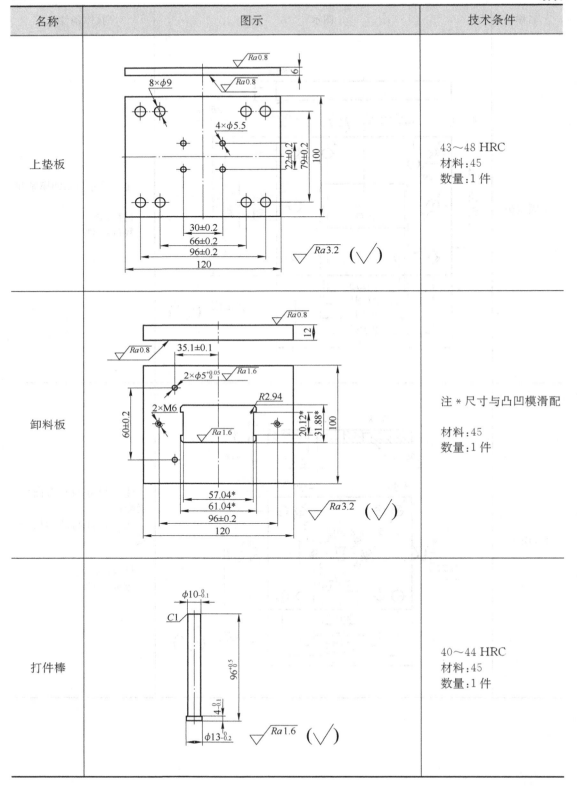	43～48 HRC 材料:45 数量:1件
卸料板		注 * 尺寸与凸凹模滑配 材料:45 数量:1件
打件棒		40～44 HRC 材料:45 数量:1件

续表

名称	图示	技术条件
打板	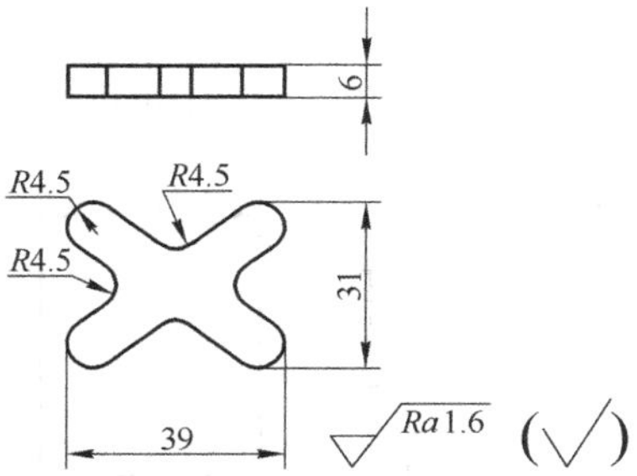	43～48 HRC 材料:45 数量:1件
顶杆	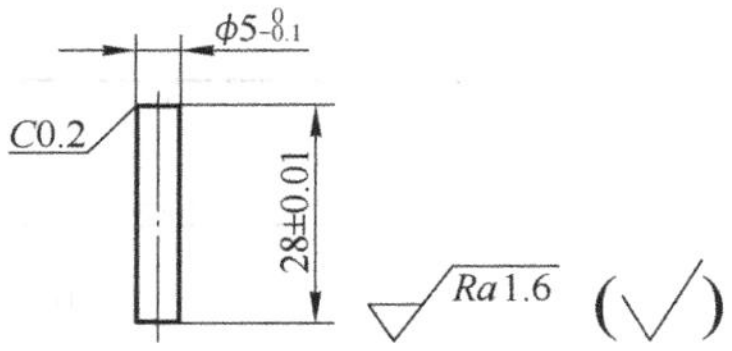	材料:45 43～48 HRC 数量:4件
导料销	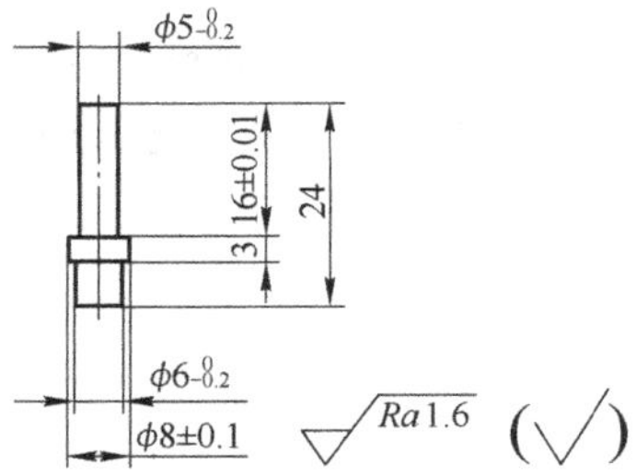	材料:45 43～48 HRC 数量:2件

5）标准模架选用　根据凹模 $L \times B = 120 \times 100$，以及模具间隙和制件的精度要求，选用 $125 \times 100 \times 140 \sim 165$ 中间滑动导柱模架。模具闭合高度为

$$H_{模具} = H_{上模座} + H_{垫板} + H_{上固定板} + H_{凹模} + H_{凸凹模} + H_{下模座} - 0.5$$
$$= 30 + 6 + 12 + 25 + 50 + 35 - 0.5 = 157.5 \text{ mm}$$

模具的闭合高度处于所选模架的闭合高度范围内。

六、压力机技术参数的校核

JC23 - 25 装模高度在 165～220 mm，根据 $H_{min} + 10 \text{ mm} \leqslant H_{模具} \leqslant H_{max} - 5 \text{ mm}$，本模具工作时加垫板即可。其他参数也满足要求。

思考与练习

1. 试述板料冲裁时的断面特征。

2. 试述影响冲裁件尺寸精度的因素。

3. 如图 2-82 所示两制件,按分开加工的方法,计算冲制图(a)所示制件的凸、凹模刃口尺寸及制造公差(材料:Q235,料厚 2 mm);按配制加工的方法,计算冲制图(b)所示制件的凸、凹模刃口尺寸及制造公差(材料:10 钢,料厚 1 mm)。

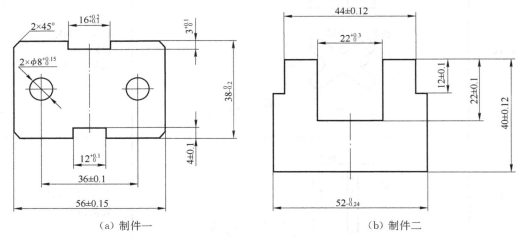

(a) 制件一　　　　　　　　　　　　　　　　(b) 制件二

图 2-82　制件图

4. 试确定图 2-82a 所示制件的合理排样方法和条料宽度,画出排样图,计算材料利用率。

5. 计算图 2-82a 所示制件落料、冲孔倒装复合模的冲裁力、推料力、卸料力、顶件力,计算压力中心,确定压力机的公称压力。

6. 确定冲裁图 2-82a 所示制件的凹模外形尺寸。

第三章　弯曲模具设计及案例

【学习目标】
1. 能够对材料弯曲变形进行熟练分析。
2. 掌握弯曲件的质量分析，了解弯曲件的结构工艺性。
3. 熟悉并掌握弯曲件坯料展开尺寸的计算和工序安排。
4. 掌握弯曲工艺力的计算。
5. 熟悉并掌握冲裁模的几种典型结构。
6. 掌握弯曲模工作部分尺寸的确定。
7. 熟悉、领会弯曲模具设计案例过程。

　　弯曲是把平板毛坯、棒料、型材或管材弯成一定曲率、角度和形状的工艺方法。弯曲是冲压的基本工序之一，应用相当普遍，如汽车产品的零件纵梁、支架，仪表、电器产品的零件触头、硅钢片，日用五金产品的零件卡箍、不锈钢衣夹等。图3-1所示为由弯曲工艺加工的零件。

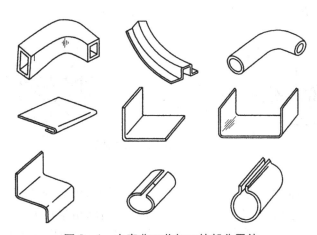

图3-1　由弯曲工艺加工的部分零件

　　由于弯曲件的形状和使用的工装及设备的不同，弯曲方法可分为压弯、滚弯、折弯、拉弯等，如图3-2所示。最常见的方法是利用模具在压力机上进行板料压弯。本章主要介绍板料在普通压力机上进行压弯的工艺和模具设计。

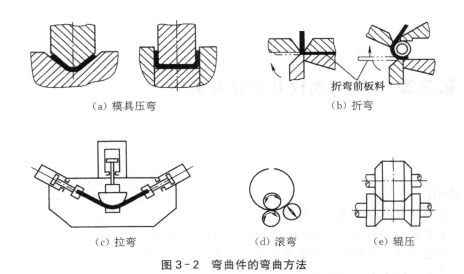

（a）模具压弯　　　　　　　　　　（b）折弯

折弯前板料

（c）拉弯　　　　　　　（d）滚弯　　　　　　（e）辊压

图 3-2　弯曲件的弯曲方法

第一节　弯曲变形过程分析

一、弯曲变形过程

图 3-3a、b 所示为板料在 U 形弯曲模与 V 形弯曲模中受力变形的基本情况。凸模对板料在作用点 A 处施加外力 F_P（U 形）或 $2F_P$（V 形），则在凹模的支承点 B 处引起反力 F_P，并形成弯曲力矩 $M=F_P a$，这个弯曲力矩使板料产生弯曲。

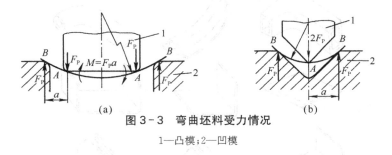

（a）　　图 3-3　弯曲坯料受力情况　　（b）

1—凸模；2—凹模

图 3-4 是 V 形弯曲件弯曲过程示意图。弯曲开始时，模具的凸、凹模分别与板料在 A、B 处相接触，使板料产生弯曲。在弯曲的开始阶段，弯曲圆角半径 r 很大，弯曲力矩很小，仅引起材料的弹性弯曲变形。随着凸模进入凹模深度的增大，凹模与板料的接触处位置发生变化，支点 B 沿凹模斜面不断下移，弯曲力臂 l 逐渐减小，即 $l_n < \cdots < l_3 < l_2 < l_1$。同时弯曲圆角半径 r 亦逐渐减小，即 $r_n < \cdots < r_3 < r_2 < r_1$，板料的弯曲变形程度进一步加大。接近行程终了时，弯曲半径 r 继续减小，而直边部分反而向凹模方向变形。当凸模 1、板料 2 与凹模 3 三者完全压合，板料的内侧弯曲半径及弯曲力臂达到最小时，弯曲过程结束。

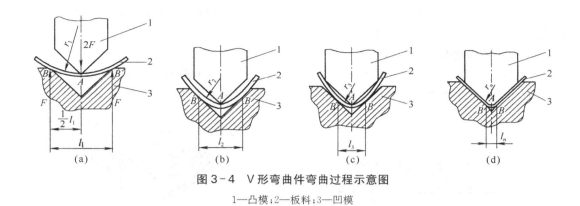

图 3-4 V 形弯曲件弯曲过程示意图
1—凸模;2—板料;3—凹模

由于板料在弯曲变形过程中弯曲内侧半径逐渐减小,因此弯曲变形部分的变形程度逐渐增加;又由于弯曲力臂逐渐减小,弯曲变形过程中板料与凹模之间存在相对滑移现象。凸模、板料与凹模三者完全压合后,如果再增加一定的压力,对弯曲件施压,则称为校正弯曲;没有这一过程的弯曲,称为自由弯曲。

二、弯曲变形的现象与特点

板料弯曲时的变形实质是金属产生了流动。为了便于分析材料的变形特点,可以采用在弯曲前的板料侧表面用机械刻线或照相腐蚀制作正方形网格的方法。然后观察并测量弯曲前后网格的尺寸和形状变化情况,如图 3-5a 所示。弯曲前,材料侧面线条均为直线,组成大小一致的正方形小格,纵向网格线长度 $\overline{aa}=\overline{bb}$。弯曲后,通过观察网格形状的变化(图 3-5b),可以看出弯曲变形具有以下特点:

1. 弯曲圆角部分是弯曲变形的主要变形区

通过观察网格,发现弯曲圆角部分的网格发生了显著的变化,原来正方形网格变成了扇形;在靠近圆角处的直边,有少量的变化;而在远离圆角的直边部分,则没有这种变化,这说明弯曲变形区主要在圆角部分。通过不同圆角半径的弯曲,会发现弯曲圆角半径越小,该变形区的网格变形越大。因此,弯曲变形程度可以用相对弯曲半径(r/t)来表示。

2. 弯曲变形区存在应变中性层

比较变形区内弯曲前后相应位置的网格线长度可知,板料的外区(靠凹模一侧),纵向纤维受拉而伸长即 $\overline{bb}<\overset{\frown}{bb}$;板料的内区(靠凸模一侧),纵向纤维受压缩而缩短即 $\overset{\frown}{aa}<\overline{aa}$。内、外区至板料的中心,其缩短和伸长的程度逐渐变小。由于材料的连续性,在伸长和缩短两个变形区域之间,必定有一层金属纤维材料,它的长度在变形前后没有变化,这层纤维层称为应变中性层(见图中 $o-o$ 层)。应变中性层长度的确定是进行弯曲件毛坯展开尺寸计算的重要依据。当弯曲变形程度很小时,应变中性层的位置基本上处于材料厚度的中心,但当弯曲变形程度较大时,应变中性层向材料内侧移动,变形量愈大,应变中性层内移量愈大。

3. 变形区材料厚度变薄

弯曲变形程度较大时,变形区外侧材料受拉伸长,使得厚度方向的材料减薄;变形区内侧材料受压,使得厚度方向的材料增厚。由于应变中性层位置的内移,外侧的减薄区域扩大,内侧的增厚区域缩小,外侧的减薄量大于内侧的增厚量;由于凸模紧压板料,内层厚度方向增加不易,因此使弯曲变形区的材料厚度趋于变薄。变形程度愈大,变薄现象愈严重。变薄后的厚度 $t' = \eta t$(η 是变薄系数)。

4. 变形区横断面产生变形

板料的相对宽度 B/t(B 是板料的宽度,t 是板料的厚度)对弯曲变形区的材料变形有很大影响。一般将相对宽度 $B/t > 3$ 的板料称为宽板,相对宽度 $B/t \leqslant 3$ 的称为窄板。

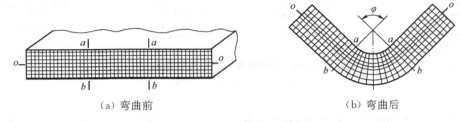

(a) 弯曲前   (b) 弯曲后

图 3-5　弯曲前后网格形状的变化

窄板弯曲时,宽度方向的变形不受约束。由于弯曲变形区外侧材料受拉引起板料宽度方向收缩、内侧材料受压引起板料宽度方向增厚,其横断面形状变成了外窄内宽的扇形(图3-6a)。变形区横断面形状尺寸发生改变称为畸变,当弯曲件的侧面尺寸有一定要求或要和其他工件配合时,需要增加后续辅助工序。

宽板弯曲时,在宽度方向的变形会受到相邻部分材料的制约,使金属的流动受到限制,因此其横断面仅在两端会出现少量变形外,形状基本保持为矩形(图3-6b)。对于一般的板料弯曲来说,大部分属宽板弯曲。虽然宽板弯曲仅存在少量畸变,但是在某些弯曲件生产场合,如铰链加工制造,需要两个宽板弯曲件的配合时,这种畸变也会影响产品的质量。

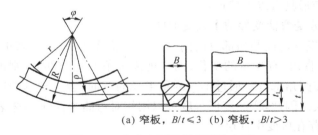

(a) 窄板,$B/t \leqslant 3$ (b) 窄板,$B/t > 3$

图 3-6　弯曲变形区横断面的变形

三、弯曲时变形区的应力和应变

对于厚度为 t 的板材,在弯曲变形的初始阶段,弯曲力矩不大,变形区的内、外层金属受最大压应力和最大拉应力,都没有达到屈服极限,仅产生弹性变形。此时,板厚中部的过渡层金属的应力和应变均为零,弹性弯曲的切向应力分布如图3-7a所示。当弯矩继续增大,r/t 值逐渐减小,变形区内、外表层的应力值首先达到屈服点,开始产生塑性变形,并逐步向其内部扩展。此时,板料弯曲区处于弹-塑性弯曲变形状态,如图3-7b所示。由于变形区内部尚未全部进入塑性变形,故回弹很大。当弯矩继续增大,r/t 值继续减小,其变形程度随之增大到一定程度时,变形区的内、外层和中心部分全部进入塑性变形直至弯曲结束,如图

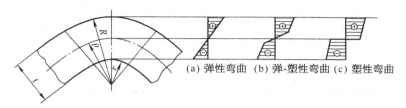

(a) 弹性弯曲　(b) 弹-塑性弯曲　(c) 塑性弯曲

图 3-7　弯曲坯料变形区的切向应力分布

3-7c 所示。

弹性弯曲和塑性弯曲是由应力状态和大小决定的。

1. 弹性弯曲条件

在弹性弯曲时,受拉的外区与受压的内区以中性层为界,中性层正好通过毛坯的中间层,其切向应力应变为零。若弯曲内表面圆角半径为 r,中性层的曲率半径 $\rho = r + t/2$,弯曲中心角为 φ,则距中性层 y 处(图 3-8)的切向应变 ε_θ 为

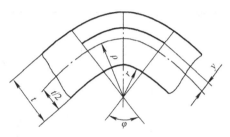

图 3-8　板料弯曲半径与弯曲中心角

$$\varepsilon_\theta = \ln \frac{(\rho + y)\varphi}{\rho\varphi} = \ln\left(1 + \frac{y}{\rho}\right) \approx \frac{y}{\rho} \quad (3-1)$$

切向应力为

$$\sigma_\theta = E\varepsilon_\theta = E\frac{y}{\rho} \quad (3-2)$$

从式(3-1)、式(3-2)可知,材料的切向应力 σ_θ 和切向应变 ε_θ 的大小只决定于 y/ρ,与弯曲中心角无关。当变形不大,可以认为材料不变薄,且中性层仍在板料中间。板料变形区的内表层和外表层的切向应变与应力值(绝对值)最大,分别为

$$\varepsilon_{\theta_{max}} = \pm\frac{t/2}{r + t/2} = \pm\frac{1}{1 + 2r/t} \quad (3-3)$$

$$\sigma_{\theta_{max}} = \pm E\varepsilon_{\theta_{max}} = \pm\frac{E}{1 + 2r/t} \quad (3-4)$$

若材料的屈服应力为 σ_s,则弹性弯曲的条件为

$$|\sigma_{\theta_{max}}| \leqslant \sigma_s$$

即

$$\frac{E}{1 + 2r/t} \leqslant \sigma_s$$

或

$$\frac{r}{t} \geqslant \frac{1}{2}\left(\frac{E}{\sigma_s} - 1\right) \quad (3-5)$$

式中,相对弯曲半径 r/t 是弯曲变形程度的重要指标。当 r/t 减少到一定数值,即 $r/t = \frac{1}{2}(E/\sigma_s - 1)$ 时,板料内、外表层金属纤维首先屈服,开始塑性变形。

2. 塑性弯曲的应力应变状态

当弯曲变形程度较大如 $r/t < 5$ 时,板料上另外两个方向的应力应变值较大,不能忽略。

变形区的应力和应变状态则为立体塑性弯曲应力应变状态。设板料弯曲变形区主应力和主应变的三个方向为切向(σ_θ、ε_θ)、径向(σ_t、ε_t)、宽度方向(σ_ϕ、ε_ϕ)。对于宽板($B/t > 3$)和窄板($B/t \leqslant 3$),变形区的应力应变状态归纳见表3-1。

表3-1 板料弯曲时的应力应变状态

相对宽度	变形区域	应力应变状态分析			
		应力状态	应变状态	特点	
窄板 $B/t \leqslant 3$	内区(压区)			平面应力状态,立体应变状态	
	外区(拉区)				
宽板 $B/t > 3$	内区(压区)			立体应力状态,平面应变状态	
	外区(拉区)				

1) 应变状态

(1) 切向(长度方向)ε_θ。弯曲变形区外区金属在切向拉应力的作用下受拉,产生伸长变形;内区金属纤维在切向压应力的作用下受压,产生压缩变形。并且该切向应变为绝对值最大的主应变。

(2) 径向(厚度方向)ε_t。根据体积不变条件可知,沿着板料的宽度和厚度方向,必然产生与绝对值最大的主应变 ε_θ(切向)符号相反的应变。在板料的外区,切向最大主应变为伸长应变,所以径向应变 ε_t 为压缩应变;而内区,切向最大主应力为压缩应变,所以径向应变 ε_t 为伸长应变。

(3) 宽度方向 ε_ϕ。根据板料的相对宽度(B/t)不同,可分两种情况:对于窄板($B/t \leqslant 3$),材料在宽度方向上可自由变形,所以在外区的应变 ε_ϕ 为压应变,内区的应变 ε_ϕ 为拉应变;而对于宽板($B/t > 3$),由于材料沿宽度方向流动受到阻碍,几乎不能变形,则内、外区在宽度方向的应变 $\varepsilon_\phi = 0$。

所以,窄板弯曲的应变状态是立体的,宽板弯曲的应变状态是平面的。

2) 应力状态

(1) 切向(长度方向)σ_θ。外区材料弯曲时受拉,切向应力为拉应力;内区材料弯曲时受压,切向应力为压应力。切向应力为绝对值最大的主应力。

（2）径向（厚度方向）σ_t。外区材料在板厚方向产生压缩应变 ε_t，因此材料有向曲率中心移近的倾向。越靠近板料外表面的材料，其切向的伸长应变 ε_θ 越大，所以材料移向曲率中心的倾向也越大。这种不同的移动使纤维之间产生挤压，因而在料厚方向产生了径向压应力 σ_t。同样在材料的内区，料厚方向的伸长应变 ε_t 受到外区材料向曲率中心移近的阻碍，也产生了径向压应力 σ_t。该压应力在板表面为零，由表及里逐渐递增，中性层处达到最大。

（3）宽度方向 σ_ϕ。窄板弯曲时，由于材料在宽度方向可自由变形，故内、外层应力接近于零（$\sigma_\phi \approx 0$）。宽板弯曲时，宽度方向上由于材料不能自由变形，外区宽度方向的收缩受阻，则外区有拉应力 σ_ϕ；内区宽度方向的伸长都受到限制，则内区有压应力 σ_ϕ 存在。

所以，窄板弯曲的应力状态是平面的，宽板弯曲的应力状态是立体的。

第二节 弯曲件的质量分析

通过上一节分析得知，弯曲变形区三个主应力的分布性质和三个主应变在切向、径向和宽度方向及中性层内、外侧的表现形态不尽相同，加之应力和应变又极不均匀，所以在实际生产中弯曲变形工艺存在许多问题，主要涉及弯裂、回弹、偏移、翘曲、畸变等。

一、弯裂

1. 最小相对弯曲半径的概念

相对弯曲半径 r/t 是表示弯曲变形程度的重要工艺参数。最小相对弯曲半径是指在保证坯料弯曲时外表面不发生开裂的条件下，弯曲件内表面能够弯成的最小圆角半径与坯料厚度的比值，用 $r_{\min}/t$ 来表示。该值越小，板料弯曲的性能也越好。生产中常用它来衡量弯曲时变形坯料的成形极限。

2. 最小相对弯曲半径的影响因素

1）材料的力学性能　材料的塑性越好，其塑性指标（δ、ψ 等）越高，材料许可的最小相对弯曲半径就越小。

2）制件的弯曲中心角 φ　从理论上来讲，变形区外表面的变形程度只与 r/t 有关，而与弯曲中心角 φ 无关。实际上，当弯曲中心角 φ 较小时，由于变形区域不大，接近弯曲中心角的直边部分（不变形区）可能参与变形，并产生一定的伸长，从而使弯曲中心角处的变形得到一定程度的减轻，可使最小相对弯曲半径减小。

3）板料的表面质量与剪切断面质量　板料表面有划伤、裂纹或剪切断面有毛刺、裂口和冷作硬化等缺陷，弯曲时易造成应力集中，使弯曲件过早地被破坏。在这些情况下，要选用较大的弯曲半径，将有毛刺的表面朝向弯曲凸模，消除剪切面的硬化层，以提高弯曲变形的成形极限。

4）板料宽度的影响　窄板（$B/t \leqslant 3$）弯曲时，在板料宽度方向的应力为零，宽度方向的材料可以自由流动，可使最小相对弯曲半径减小。板料相对宽度较大时，材料沿宽度方向流动的阻碍较大，选用的相对弯曲半径应大一些。

5）板料的热处理状态　经冷作硬化的板料塑性降低，最小相对弯曲半径增大。退火的板料塑性好,最小相对弯曲半径减小。

6)板材的方向性　弯曲所用的冷轧钢板,经多次轧制具有方向性。顺着纤维方向的塑性指标优于与纤维相垂直的方向。当弯曲件的折弯线与纤维方向垂直时,材料具有较大的拉伸强度,不易拉裂,最小相对弯曲半径 r_{min}/t 的数值最小;而平行时则最小相对弯曲半径数值最大,如图3-9所示。因此对于相对弯曲半径较小或者塑性较差的弯曲件,折弯线应尽可能垂直于纤维方向。当弯曲件为双侧弯曲,且相对弯曲半径又比较小时,排样时应设法使折弯线与板料纤维方向成一定角度(图3-9c)。

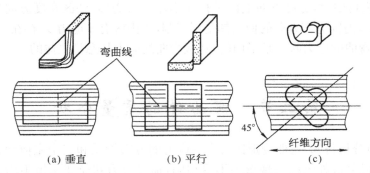

图3-9　板料纤维方向对弯曲半径的影响

3. 最小相对弯曲半径的确定

由于影响板料的最小相对弯曲半径的因素较多,故在实际应用中考虑了部分工艺因素的影响,其数值一般由试验方法确定。表3-2为实验得到的最小相对弯曲半径 r_{min}/t 的实验数值。

表3-2　最小相对弯曲半径 r_{min}/t 的实验数值

材料	正火或退火		硬化	
	弯曲线方向			
	与纤维方向垂直	与纤维方向平行	与纤维方向垂直	与纤维方向平行
铝	0	0.3	0.3	0.8
退火纯铜			1.0	2.0
黄铜 H68			0.4	0.8
05、08F			0.2	0.5
08、10、Q215	0	0.4	0.4	0.8
15、20、Q235	0.1	0.5	0.5	1.0
25、30、Q255	0.2	0.6	0.6	1.2
35、40	0.3	0.8	0.8	1.5
45、50	0.5	1.0	1.0	1.7

续表

材料	正火或退火		硬化	
	弯曲线方向			
	与纤维方向垂直	与纤维方向平行	与纤维方向垂直	与纤维方向平行
55、60	0.7	1.3	1.3	2.0
硬铝（软）	1.0	1.5	1.5	2.5
硬铝（硬）	2.0	3.0	3.0	4.0
镁合金 MA1-M MA8-M	300 ℃热弯		冷弯	
	2.0	3.0	6.0	8.0
	1.5	2.0	5.0	6.0
钛合金 BT1 BT5	300～400 ℃热弯		冷弯	
	1.5	2.0	3.0	4.0
	3.0	4.0	5.0	6.0
钼合金($t \leqslant 2$ mm) BM1、BM2	400～500 ℃热弯		冷弯	
	2.0	3.0	4.0	5.0

注：本表用于板材厚 $t < 10$ mm、弯曲角 $\geqslant 90°$、剪切断面良好的情况。

二、弯曲回弹

板料的塑性弯曲和任何一种塑性变形过程一样，都伴随有弹性变形。所以当卸去外加弯矩时，变形区外层纤维因弹性恢复而缩短、内层纤维因弹性恢复而伸长，结果使制件的形状和尺寸产生与加载时变形方向相反的变化，这种现象称为回弹（又称回跳或弹复）。回弹使制件的曲率和角度发生明显变化，不再同模具的形状和尺寸一致，从而直接影响到弯曲件的精度。

1. 回弹的两种表现形式

1) 弯曲半径增大　卸载前板料的内半径为 r（与凸模的半径吻合），卸载后增加至 r_0。半径的增量 Δr 为

$$\Delta r = r_0 - r$$

2) 弯曲件角度增大　卸载前板料的弯曲件角度为 α（与凸模顶角吻合），卸载后增大到 α_0。角度的增量 $\Delta \alpha$ 为

$$\Delta \alpha = \alpha_0 - \alpha$$

弯曲回弹的两种表现形式如图 3-10 所示。

2. 回弹的主要影响因素

1) 材料的力学性能　材料的屈服点 σ_s 越高，弹性模量 E 越小，弯曲回弹越大；即 σ_s / E 的比值越大，材料的回弹值越大。图 3-11 为退火状态的软钢拉伸时的应力-应变曲线。当拉伸到 P

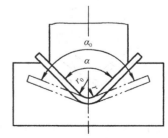

图 3-10　弯曲时的回弹

点后去除载荷,产生了 $\Delta\varepsilon_1$ 的回弹,其值 $\Delta\varepsilon_1 = \sigma_P/\tan\alpha$,$\tan\alpha$ 即为材料弹性模量 E。从该式中可以看出,材料的弹性模量 E 越大,回弹值越小。图中的虚线为同一材料经冷作硬化后的拉伸曲线,其屈服点有了提高。当应变均为 ε_P 时,材料的回弹 $\Delta\varepsilon_2$ 比退火状态的材料回弹 $\Delta\varepsilon_1$ 大。

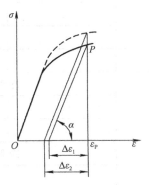

图 3-11　力学性能对回弹值的影响

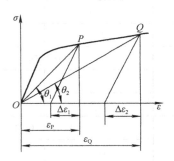

图 3-12　相对弯曲半径对回弹值的影响

2) 相对弯曲半径　r/t（相对弯曲半径）越小,回弹值越小。r/t 减小时,弯曲坯料外侧表面在长度方向上的总变形程度增大,其中塑性变形和弹性变形成分同时增大。但在总变形中,弹性变形所占的比例则相应变小。由图 3-12 可知,当总的变形程度为 ε_P 时,弹性变形所占的比例为 $\Delta\varepsilon_1/\varepsilon_P$,当总的变形程度由 ε_P 增大到 ε_Q 时,弹性变形在总的变形中所占的比例为 $\Delta\varepsilon_2/\varepsilon_Q$,显然,$\Delta\varepsilon_1/\varepsilon_P > \Delta\varepsilon_2/\varepsilon_Q$。即随着总的变形程度的增加,弹性变形在总的变形中所占的比例相反地减小了,所以相对弯曲半径越小,回弹值越小。若相对弯曲半径过大,由于板料弯曲变形程度太小,在板料中性层两侧的纯弹性变形区增加越多,塑性变形区中弹性变形所占的比例同时也增大。故相对弯曲半径越大,回弹值也越大。

3) 弯曲中心角 φ　弯曲中心角越大,表示弯曲变形区的长度愈长,回弹的积累值越大,回弹角也越大。

4) 弯曲方式　板料的弯曲方式包括自由弯曲和校正弯曲。校正弯曲与自由弯曲相比较,由于校正弯曲可改变弯曲件变形区的应力状态,增加圆角处的塑性变形程度,且校正弯曲力较大,因而校正弯曲的回弹较小。

5) 模具间隙　在压制 U 形件时,模具间隙对回弹值有直接影响。间隙大,材料处于松动状态,回弹就大;间隙小,材料被挤紧,回弹就小。

6) 制件形状　制件形状越复杂,一次弯曲成形角的数量越多,回弹就小。这是因为弯曲各部分的回弹相互牵制,改变了弯曲件各部分的应力状态,使回弹困难,因此回弹值减小。如多角件一次弯曲成形比 U 形制件弯曲回弹小,而 U 形制件比 V 形制件的弯曲回弹小。

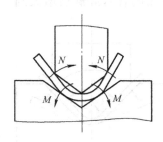

图 3-13　校正性弯曲时的回弹

7) 非变形区的影响　对 V 形制件小半径($r/t < 0.2 \sim 0.3$)进行校正弯曲时,如图 3-13 所示,由于对非变形区的直边部分有校直作用,所以弯曲后直边区的回弹和圆角区的回弹是相反的。制

件上回弹的反映是两者的叠加,则角度回弹值可能为正值、零或负值。由图可见,直边区回弹的 N 方向与圆角区回弹的 M 方向相反。当直边的回弹大于圆角的回弹,此时就会出现负回弹,弯曲件的角度 α(图 3 - 10)小于弯曲凸模的角度。

3. 回弹值的确定

板料弯曲的回弹直接影响制件的尺寸精度和形状误差,因此在模具设计和制造时,必须预先将回弹值考虑进去。由于影响回弹的因素很多,计算回弹值比较复杂且不准确。生产中一般是按经验数表或按力学公式计算出回弹值作为参考,再在试模时加以修正。

1) 查表法 当 $r/t<5\sim8$ 时,弯曲半径的回弹值不大,因此,只考虑角度的回弹,其值可查表 3 - 3～表 3 - 5。

表 3 - 3　90°单角自由弯曲的回弹值 $\Delta\alpha$

材料	r/t	材料厚度 t(mm)		
		<0.8	$0.8\sim2$	>2
软钢 $\sigma_b=350$ MPa	<1	4°	2°	0°
软黄铜 $\sigma_b\leqslant350$ MPa	$1\sim5$	5°	3°	1°
铝、锌	>5	6°	4°	2°
中硬钢 $\sigma_b=350\sim400$ MPa	<1	5°	2°	
硬黄铜 $\sigma_b=350\sim400$ MPa	$1\sim5$	6°	3°	1°
硬青铜	>5	8°	5°	3°
硬钢 $\sigma_b>550$ MPa	<1	7°	4°	2°
	$1\sim5$	9°	5°	3°
	>5	12°	7°	5°
硬铝 2A12	<2	2°	3°	4.5°
	$2\sim5$	4°		8.5°
	>5	6.5°		14°
超硬铝 7A04	<2	2.5°	5°	8°
	$3\sim5$	4°	8°	11.5°
	>5	7°	12°	19°

表 3 - 4　单角校正弯曲时的角度回弹值 $\Delta\alpha$

材料	r/t		
	$\leqslant1$	$>1\sim2$	$>2\sim3$
Q235	$-1°\sim1°30'$	$0°\sim2°$	$1°30'\sim2°30'$
纯铜、铝、黄铜	$0°\sim1°30'$	$0°\sim3°$	$2°\sim4°$

表 3-5 　U 形制件弯曲时的回弹角 Δα

材料	r/t	凹模和凸模的单边间隙						
		0.8t	0.9t	1.0t	1.1t	1.2t	1.3t	1.4t
		回弹角 Δα						
2A12Y	2	−2°	0°	2°30′	5°	7°30′	10°	12°
	3	−1°	1°30′	4°	6°30′	9°30′	12°	14°
	4	0°	3°	5°30′	8°30′	11°30′	14°	16°30′
	5	1°	4°	7°	10°	12°30′	15°	18°
	6	2°	5°	8°	11°	13°30′	16°30′	19°30′
2A12M	2	−1°30′	0°	1°30′	3°	5°	7°	8°30′
	3	−1°30′	0°30′	2°30′	4°	6°	8°	9°30′
	4	−1°	1°	3°	4°30′	6°30′	9°	10°30′
	5	−1°	1°	3°	5°	7°	9°30′	11°
	6	−0°30′	1°30′	3°30′	6°	8°	10°	12°
7A04Y	3	3°	7°	10°	12°30′	14°	16°	17°
	4	4°	8°	11°	13°30′	15°	17°	18°
	5	5°	9°	12°	14°	16°	18°	20°
	6	6°	10°	13°	15°	17°	20°	23°
	8	8°	13°30′	16°	19°	21°	23°	26°
7A04M	2	−3°	−2°	0°	3°	5°	6°30′	8°
	3	−2°	−1°30′	2°	3°30′	6°30′	8°	9°
	4	−1°30′	−1°	2°30′	4°30′	7°	8°30′	10°
	5	−1°	−1°	3°	5°30′	8°	9°	11°
	6	0°	−0°30′	3°30′	6°30′	8°30′	10°	12°
20(已退火的)	1	−2°30′	−1°	0°30′	1°30′	3°	4°	5°
	2	−2°	−0°30′	1°	2°	3°30′	5°	6°
	3	−1°30′	0°	1°30′	3°	4°30′	6°	7°30′
	4	−1°	0°30′	2°30′	4°	5°30′	7°	9°
	5	−0°30′	1°30′	3°	5°	6°30′	8°	10°
	6	−0°30′	2°	4°	6°	7°30′	9°	11°

2) 公式计算法　当相对弯曲半径 $r/t > 10$ 时,卸载后弯曲件的弯曲圆角半径和弯曲角度都发生了较大的变化,凸模工作部分的圆角半径和角度可按以下公式计算:

$$r_凸 = \frac{r}{1 + 3\frac{\sigma_s}{E}\frac{r}{t}} \qquad\qquad (3-6)$$

$$\alpha_凸 = \alpha - (180° - \alpha)\left(\frac{r}{r_凸} - 1\right) \qquad\qquad (3-7)$$

式中，r 为制件的圆角半径(mm)；$r_凸$ 为凸模的圆角半径(mm)；α 为弯曲件角度(°)；$\alpha_凸$ 为弯曲凸模角度(°)；σ_s 为弯曲材料的屈服极限(MPa)；t 为弯曲材料的厚度(mm)；E 为材料的弹性模量(MPa)。

> 📖 **小贴士**
>
> 　　有关手册给出了许多计算弯曲回弹的公式和图表，选用时应特别注意它们的适用条件。由于弯曲件的回弹值受诸多因素的综合影响，如材料性能的差异(甚至同型号不同批次性能的差异)、弯曲件形状、毛坯非变形区的变形回弹、弯曲方式、模具结构等，上述公式的计算值只能是近似的，还需在生产实践中进一步试模修正。同时可采用一些行之有效的工艺措施来减少、遏制回弹。

　　例 3-1　如图 3-14a 所示制件，材料为超硬铝 7A04、厚度 1 mm、$\sigma_s = 460$ MPa、$E = 70\,000$ MPa，求凸模的工作部分尺寸。

　　解：已知制件中间弯曲部分

$$r_1 = 12 \quad \alpha_1 = 90° \quad t = 1$$

因制件中间弯曲部分 $r_1/t = 12/1 = 12 > 10$，因此，制件不仅角度有回弹，弯曲半径也有回弹。其回弹值，按式(3-6)计算：

$$r_{凸1} = \frac{r_1}{1 + 3\frac{\sigma_s}{E}\frac{r_1}{t}} = \frac{12}{1 + 3 \times \frac{460 \times 12}{70\,000 \times 1}} = 9.7 \text{ mm}$$

按式(3-7)计算：

$$\alpha_{凸1} = \alpha_1 - (180° - \alpha_1)\left(\frac{r_1}{r_{凸1}} - 1\right) = 90° - (180° - 90°)\left(\frac{12}{9.7} - 1\right) = 68.66°$$

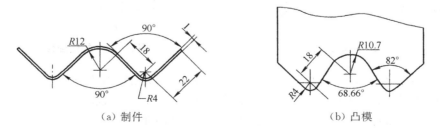

（a）制件　　　　　　　　（b）凸模

图 3-14　制件及根据回弹值确定的凸模工作部分尺寸

已知制件两侧弯曲部分 $r_2 = r_3 = 4$，$\alpha_2 = \alpha_3 = 90°$，因制件两侧弯曲部分 $r_2/t = 4/1 = 4 < 5$，故弯曲半径的回弹值不大。可查表 3-3，根据材料超硬铝 7A04 厚度为 1 mm，得到回弹角为 8°，即两侧弯曲部分的回弹值

$$\alpha_{凸2} = 90° - 8° = 82°$$

图 3-14b 所示即为根据回弹值确定的凸模工作部分尺寸。

4. 回弹的控制措施

由于塑性弯曲变形的同时总是伴随着弹性变形，加之影响弯曲回弹的诸多因素，使制件很难得到正确的形状和尺寸，因此在制件设计、弯曲工艺及模具设计等方面必须采取下列适当的措施来控制或减小回弹。

1) 改进制件的设计　在变形区压加强肋或压成形边翼，增加弯曲件的刚性和成形边翼的变形程度，可以减小回弹，如图 3-15 所示。选用弹性模量大、屈服极限小的材料，可使弯曲件回弹量减小。

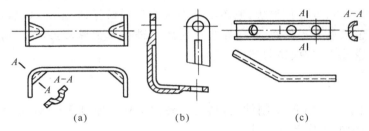

(a)　　　　　　(b)　　　　　　(c)

图 3-15　在制件结构上考虑减小回弹

2) 从工艺上采取措施用校正弯曲代替自由弯曲　对冷作硬化的硬材料须先退火，降低其屈服点 σ_s，以减小回弹，弯曲后再淬硬。用拉弯法代替一般弯曲方法。采用拉弯工艺的特点是在弯曲的同时使板料承受一定的拉应力，如图 3-16 所示。拉应力的数值应使弯曲件变形区内的合成应力（即加上的拉应力和弯曲件内侧的压应力之和）大于材料的屈服点 σ_s，使制件的整个断面都处于塑性拉伸变形范围内，内、外区应力方向取得了一致，故可大大减小制件的回弹。这种措施主要用于相对弯曲半径很大的制件的成形。

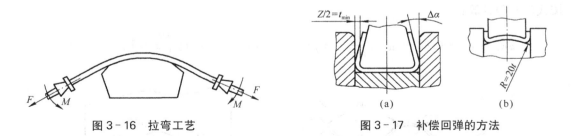

图 3-16　拉弯工艺　　　　　　**图 3-17　补偿回弹的方法**

3) 从模具结构上采取措施　弯曲 V 形制件时，将凸模角度减去一个回弹角；弯曲 U 形制件时，将凸模两侧分别做出等于回弹量的斜度（图 3-17a）；或将凹模底部做成弧形（图 3-17b），利用底部向下回弹的作用，补偿两直边的向外回弹。

对于材料厚度大于 0.8 mm、材料塑性较好的弯曲件，可将凸模设计成如图 3-18 所示的

形状,使凸模力集中作用在弯曲变形区,加大变形区的变形程度。迫使变形区内层纤维产生同外层纤维一样的伸长应变,凸模卸载后制件都产生缩短的回弹,从而减小回弹。此方法实施方便且效果明显,但会在制件的内表面留有压痕。

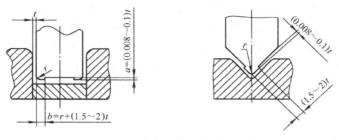

图 3 - 18　改变凸模形状减小回弹

当制件不许可有压痕时,可将凹模设计成如图 3 - 19 所示,以充分校正变形区来减小回弹。其中凹模底部圆角半径与凸模圆角半径和材料厚度的关系见下式：

$$R_凹 = R_凸 + (1.2 \sim 1.3)t$$

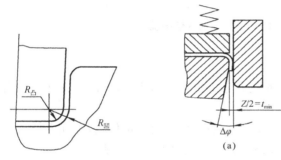

图 3 - 19　校正变形区减小回弹　　　　图 3 - 20　增加拉应变减小回弹

对于一般材料(如 Q235、Q215、10、20、H62M 等),当其回弹角 $\Delta \phi < 5°$ 时,可在凸模或凹模上做出如图 3 - 20a 所示的斜度或如图 3 - 20b 所示的负间隙弯曲模,以增大拉应变来减小回弹。

在弯曲件的端部加压,可以获得精确的弯边高度,并由于改变了变形区的应力状态,使弯曲变形区从内到外都处于压应力状态,从而减小了回弹,如图 3 - 21 所示。

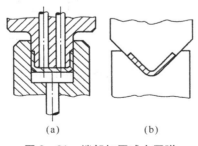

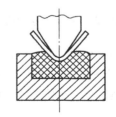

图 3 - 21　端部加压减小回弹　　　图 3 - 22　橡胶弯曲模

采用橡胶凸模(或凹模),使坯料紧贴凹模(或凸模),以减小非变形区对回弹的影响,如图 3 - 22 所示。

三、弯曲偏移

1. 偏移现象的产生原因

坯料在弯曲过程中沿凹模圆角滑移时,会受到凹模圆角处摩擦阻力的作用。当板料各边所受的摩擦阻力不等时,有可能使坯料在弯曲过程中沿垂直于弯曲线的长度方向产生移动,使制件两直边的高度尺寸与图样的要求不符,这种现象称为弯曲偏移。产生偏移的原因很多,图 3-23a、b 所示为制件毛坯形状不对称造成的偏移;图 3-23c 为制件结构不对称造成的偏移;图 3-23d、e 为弯曲模结构不合理造成的偏移。此外,凸模与凹模的圆角不对称、间隙不对称等,也会导致弯曲时产生偏移现象。

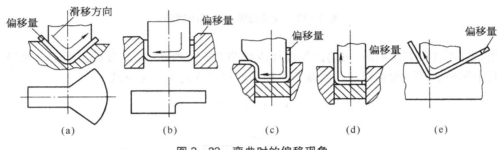

图 3-23 弯曲时的偏移现象

2. 克服偏移的措施

(1) 采用压料装置,使坯料在压紧的状态下逐渐弯曲成形,从而防止坯料的滑动,而且能得到较平整的制件,如图 3-24a、b 所示。

(2) 利用坯料上的孔或在坯料上设置工艺孔,坯料套入定位销,以孔定位后弯曲,使弯曲前的坯料与弯曲后制件的定位位置始终保持一致,如图 3-24c 所示。

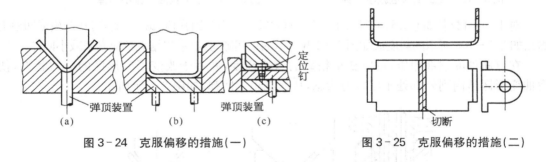

图 3-24 克服偏移的措施(一)   图 3-25 克服偏移的措施(二)

(3) 将形状不对称的弯曲件组合成对称弯曲件弯曲,然后再切开,以使坯料在弯曲时受力均匀而不产生偏移,如图 3-25 所示。

(4) 模具制造准确,间隙调整一致。

四、弯曲后的翘曲与剖面畸变

1. 翘曲

细而长的坯料弯曲件,弯曲后纵向产生翘曲变形,见图 3-26。这是因为沿折弯线方向制件的刚度小,塑形弯曲时,外区(a区)宽度方向的压应变 ε_ϕ 和内区(b区)的拉应变 ε_ϕ 将得以实现,结果使折弯线翘曲。采用校正弯曲可消除这种现象。当坯料短而粗时,沿制件纵向刚度大,宽度方向应变被抑制,翘曲则不明显。

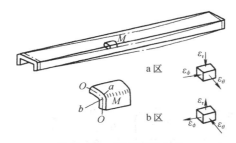

图 3 - 26　弯曲后的翘曲　　　　图 3 - 27　管材弯曲后的剖面畸变

2. 剖面的畸变现象

对于窄板弯曲如前所述;对于管材弯曲后的剖面畸变,如图 3 - 27 所示。在薄壁管的弯曲中,还会出现内侧面因受压应力的作用而失稳起皱的现象,因此弯曲时管材中应该加上填料或芯棒。

第三节　弯曲件的结构工艺性分析

弯曲件的结构,应具有良好的弯曲工艺性,这样可简化工艺过程、提高弯曲件尺寸精度。弯曲件的结构工艺性分析是根据弯曲过程的变形规律,并总结弯曲件实际生产经验提出的。通常结构上主要考虑如下几个方面:

1. 最小相对弯曲半径

弯曲件的最小相对弯曲半径不宜小于表 3 - 2 所列的数据,否则会造成弯曲件变形区外层材料的破裂。对于 1 mm 以下的薄料,可改变制件结构形状,如图 3 - 28a 所示的 U 形制件,可将弯曲处半径几乎为零的内圆角改为凸底圆角形状。对于厚料,可用开槽的方法减小厚度尺寸,提高 r/t 相对弯曲半径值,如图 3 - 28b 所示。弯曲件的弯曲半径也不宜过大。过大时,弯曲件的角度与弯曲半径因受到回弹的影响,使制件的精度不易保证。

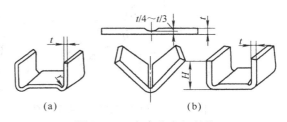

图 3 - 28　小弯曲半径制件

2. 弯曲件的直边高度

在弯 90°角时,为使弯曲时有足够长的弯曲力臂,必须使弯曲边高度 $H > 2t$,如图 3 - 29a所示。当 $H < 2t$ 时,可开槽后弯曲,如图 3 - 28b 所示;或增加直边高度,弯曲后再去掉,如图 3 - 29b 所示。

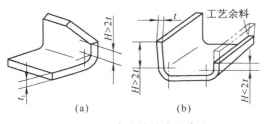

图 3 - 29　弯曲件的直边高度

3. 弯曲件孔边距

如图 3-30 所示,带孔的板料在弯曲时,
如果孔位于弯曲变形区内,弯曲时孔的形状会发生畸变。因此,必须使孔处于弯曲变形区以外。一般孔边到弯曲半径中心的距离要保证:

当 $t<2$ mm 时,$L \geqslant t$;

当 $t \geqslant 2$ mm 时,$L \geqslant 2t$。

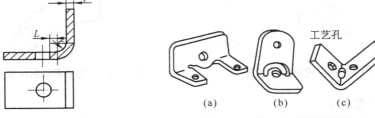

图 3-30 弯曲件孔边距   图 3-31 防止孔变形的措施

如不能满足上述条件,为防止弯曲时孔变形,可采取冲凸缘形缺口或月牙槽的措施,如图 3-31a、b 所示;或在弯曲变形区冲出工艺孔,以转移变形区,如图 3-31c 所示;或改变加工工序,先弯曲、后冲孔。

4. 增添工艺孔、槽或缺口

坯件边缘需局部弯曲时,为了避免角部畸变与弯曲根部撕裂,可预先在弯曲区与非弯曲区之间冲裁卸荷孔或卸荷槽,孔径 d、槽的宽度 K 以及深度 L 如图 3-32 所示。也可以将弯曲线移动一段距离,以避开尺寸突变处。

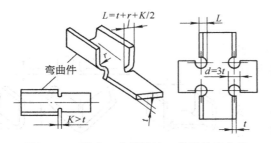 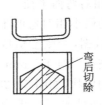

图 3-32 预冲工艺槽及冲工艺孔的弯曲件   图 3-33 切除连接带弯曲件

5. 加添连接带

弯曲件形状应力求简单,边缘有缺口的弯曲件,若在坯件上先将缺口冲出,弯曲时会出现叉口现象,严重时难以成形。这时必须在缺口处留有连接带,弯曲后再将连接带切除,如图 3-33 所示。

6. 切口弯曲件的形状

切口弯曲件的切口弯曲工序一般在模内一次完成。为了便于使制件从凹模中推出,弯曲部分一般做成带有斜度的梯形或先冲出周边槽孔再弯曲,如图 3-34 所示。

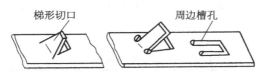

图3-34 切口件形状

7. 弯曲件的尺寸标注

弯曲件尺寸标注不同,会影响冲压工序的安排。图3-35a所示的弯曲件尺寸标注,孔的位置精度不受毛坯展开尺寸和回弹的影响,可简化冲压工艺。采用先落料冲孔,然后再弯曲成形。图3-35b、c所示的标注法,孔的位置精度受坯料展开长度和回弹的影响,冲孔需要安排在弯曲工序之后进行,才能保证孔位置精度的要求。在不存在弯曲件有一定的装配关系时,应考虑图3-35a的标注方法。

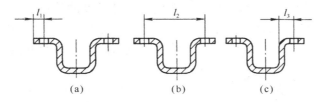

图3-35 弯曲件的尺寸标注

8. 弯曲件的尺寸公差

弯曲件的精度受坯料定位、偏移、翘曲和回弹等因素的影响,弯曲的工序数目越多,精度越低。对弯曲件的精度要求应合理,一般弯曲件的尺寸公差等级最好在IT13级以下,角度公差大于$15'$;否则,应增加整形工序。

第四节 弯曲件坯料展开尺寸的计算

在板料弯曲时,弯曲件坯料展开尺寸准确与否,直接影响所弯曲制件的尺寸精度。根据弯曲中性层在弯曲变形前后的长度不变,因此,可以用中性层长度作为计算弯曲部分展开长度的依据。

一、弯曲中性层位置的确定

根据中性层的定义,弯曲件坯料的长度应等于中性层的展开长度。坯料在塑性弯曲时,中性层会发生内移,相对弯曲半径值越小,中性层内移量越大。因此,确定中性层位置是计算弯曲件弯曲部分长度的前提。中性层位置以曲率半径ρ表示,如图3-36所示。在实际生产中为了便于计算,一般用经验公式来确定中性层的曲率半径ρ:

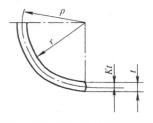

图3-36 弯曲件中性层位置

$$\rho = r + Kt \qquad (3-8)$$

式中，r 为制件的弯曲内半径(mm)；t 为制件的材料厚度(mm)；K 为中性层位移系数，其值见表 3-6。

表 3-6　中性层位移系数 K 值

r/t	0.1	0.2	0.3	0.4	0.5	0.6	0.7	0.8	1	1.2
K	0.23	0.29	0.32	0.35	0.37	0.38	0.39	0.40	0.41	0.424
r/t	1.3	1.5	2	2.5	3	4	5	6	10	15
K	0.429	0.436	0.449	0.458	0.464	0.472	0.477	0.479	0.488	0.493

二、弯曲件坯料展开长度计算

1. 计算法

确定了中性层的位置后，就可进行弯曲件坯料展开长度的计算。计算时，一般将弯曲件的内弯曲半径 $r \geqslant 0.5t$ 的弯曲称为有圆角半径的弯曲，而将 $r < 0.5t$ 的弯曲称为无圆角半径的弯曲。按其弯曲变形的严重程度，分别采用下列两种计算方法。

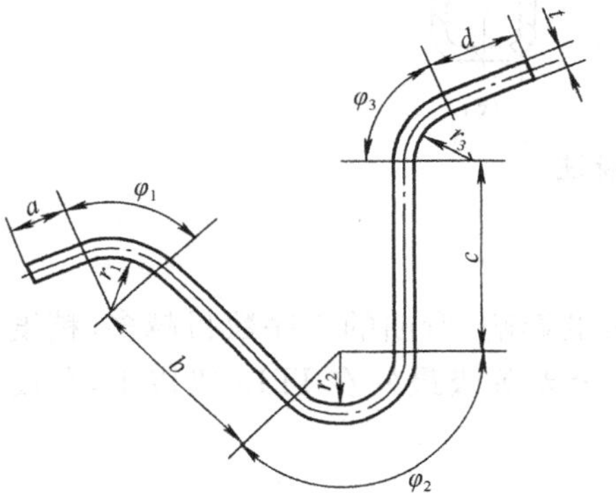

1) 有圆角半径的弯曲　由于弯曲变形时变薄不严重，按中性层展开的原理，坯料的总长度等于弯曲件直线部分和圆弧部分之和，如图 3-37 所示，即

$$L = \sum l_{直} + \sum l_{弧} \qquad (3-9)$$

其中

$$l_{弧} = \frac{\pi\varphi}{180°}(r + Kt) \qquad (3-10)$$

式中，L 为弯曲件坯料展开总长度(mm)；$\sum l_{直}$ 为各段直线部分长度之和(mm)；φ 为各段圆弧部分弯曲中心角度(°)；r 为各段圆弧部分弯曲半径(mm)；K 为各段圆弧部分中性层位移系数。

图 3-37　坯料长度

计算步骤如下：

(1) 按图计算各直线段长度 a、b、c、…；

(2) 根据各圆弧段所对应的 r/t，由表 3-6 查出其各自对应的中性层位移系数 K 值；

(3) 计算各对应的中性层半径；

(4) 由各自对应的中性层曲率半径 ρ、弯曲中心角度 φ，计算各圆弧段的弧长；

(5) 把各直线段长度与各圆弧段的弧长之总和，得到弯曲件坯料的总长度。

例 3-2　计算图 3-38 所示弯曲件的坯料展开长度。

解：制件弯曲半径 $r > 0.5t$，又因制件为左右对称形，故坯料展开长度公式为

$$L = 2(l_{直1} + l_{直2} + l_{弧1} + l_{弧2})$$

查表 3-6，当 $r/t = 2$ 时，$K = 0.449$；当 $r/t = 3$ 时，$K = 0.464$。

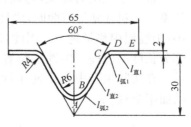

图 3-38　制件

式中
$$l_{直1} = DE = 32.5 - (30\tan 30° + 4\tan 30°) = 12.87$$

$$l_{直2} = BC = 30/\cos 30° - (8/\tan 30° + 4\tan 30°) = 18.48$$

$$l_{弧1} = CD = \frac{\pi 60°}{180°}(4 + 0.449 \times 2) = 5.13$$

$$l_{弧2} = AB = \frac{\pi 60°}{180°}(6 + 0.464 \times 2) = 7.25$$

则坯料展开长度　　$L = 2 \times (12.87 + 18.48 + 5.13 + 7.25) = 87.46$ mm

2）无圆角半径的弯曲　对于 $r < 0.5t$ 的弯曲件，由于弯曲变形时不仅制件的变形圆角区发生严重变薄，而且与其相邻的直边部分也产生变薄，所以应按变形前后体积不变条件确定坯料长度。通常采用表 3-7 所列公式计算。

表 3-7　$r < 0.5t$ 的弯曲件坯料尺寸计算

序号	弯曲特征	简图	公式
1	弯曲一个角		$L = l_1 + l_2 + 0.4t$
2	弯曲一个角		$L = l_1 + l_2 - 0.43t$
3	一次同时弯曲两个角		$L = l_1 + l_2 + l_3 + 0.6t$
4	一次同时弯曲三个角		$L = l_1 + l_2 + l_3 + l_4 + 0.75t$
5	一次同时弯曲两个角，第二次弯曲另一个角		$L = l_1 + l_2 + l_3 + l_4 + t$
6	一次同时弯曲四个角		$L = l_1 + 2l_2 + 2l_3 + t$
7	分为两次弯曲四个角		$L = l_1 + 2l_2 + 2l_3 + 1.2t$

3）铰链弯曲件　铰链弯曲和一般弯曲件不同，铰链弯曲常用推卷的方法成形。在弯曲卷圆的过程中，材料除了弯曲以外还受到挤压作用，板料不是变薄而是增厚了，中性层将向外侧移动，因此其中性层位移系数 $K \geqslant 0.5$，见表 3-8。图 3-39 所示为铰链中性层位置示意

图。图 3-40 所示为常见的铰链弯曲件。

表 3-8　铰链卷圆中性层位移系数 K

r/t	<0.6	0.6~0.8	0.8~1.0	1.0~1.2	1.2~1.5	1.5~1.8	1.8~2.0	2.0~2.2	>2.2
K	0.76	0.73	0.7	0.67	0.67	0.61	0.58	0.54	0.5

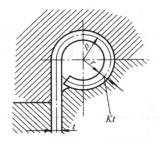

图 3-39　铰链中性层位置

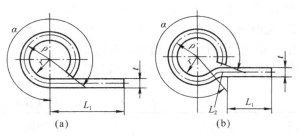

图 3-40　铰链弯曲件

　　用上述公式计算出来的坯料展开长度仅仅是一个参考值，与实际所需的长度有一定的误差。因为有很多影响弯曲变形的因素，如材料性能、模具结构、弯曲方式等都没有考虑进去，所以只能用于形状简单、弯角个数少或尺寸公差要求不高的弯曲件。对于形状复杂、弯角较多及尺寸公差较小的弯曲件，可先用上述公式进行初步坯料计算，在试模过程中加以修正，最终确定准确的坯料长度。

2. 查表法

　　在生产实际中，也有采用一些经验数表来确定弯曲件的展开长度，见表 3-9。

表 3-9　弯曲 90°角中性层ρ弧长度　　　　(mm)

		材料厚度 t												
		0.1	0.2	0.3	0.4	0.5	0.6	0.8	1	1.2	1.5	2	2.5	3
弯曲件内圆角半径 r	0.1	0.20	0.28	0.33	0.38	0.42	0.46	0.53	0.63	0.72	0.86	1.10	1.34	1.57
	0.2	0.39	0.45	0.50	0.55	0.60	0.62	0.75	0.83	0.92	1.07	1.26	1.49	1.73
	0.3	0.55	0.61	0.67	0.72	0.77	0.83	0.92	1.04	1.13	1.25	1.48	1.65	1.88
	0.4	0.70	0.77	0.83	0.89	0.95	0.99	1.11	1.21	1.31	1.45	1.67	1.88	2.14
	0.5	0.86	0.93	1.00	1.06	1.12	1.17	1.27	1.38	1.48	1.63	1.88	2.09	2.29
	1	1.65	1.72	1.79	1.86	1.92	1.98	2.11	2.23	2.34	2.51	2.76	3.02	3.27
	1.2	1.96	2.04	2.11	2.18	2.24	2.31	2.44	2.56	2.68	2.85	3.10	3.38	3.63
	1.5	2.43	2.51	2.58	2.65	2.72	2.79	2.92	3.05	3.17	3.34	3.61	3.87	4.15
	2	3.22	3.22	3.37	3.44	3.51	3.58	3.72	3.85	3.97	4.15	4.46	4.74	5.02
	2.5	4.00	4.08	4.16	4.23	4.30	4.37	4.53	4.65	4.77	4.96	5.28	5.57	5.85

续表

		材料厚度 t											
		0.1	0.2	0.3	0.4	0.5	0.6	0.8	1	1.2	1.5	2	2.5	3
弯曲件内圆角半径 r	3	4.79	4.87	4.94	5.02	5.09	5.16	5.30	5.45	5.58	5.77	6.09	6.40	6.69
	3.5	5.57	5.65	5.73	5.80	5.88	5.95	6.09	6.23	6.38	6.58	6.91	7.18	7.52
	4	6.36	6.44	6.52	6.59	6.67	6.74	6.88	7.03	7.17	7.36	7.69	8.01	8.31
	4.5	7.14	7.22	7.30	7.38	7.45	7.53	7.68	7.81	7.95	8.17	8.48	8.83	9.14
	5	7.93	8.01	8.09	8.16	8.24	8.31	8.45	8.60	8.75	8.96	9.29	9.62	9.92

第五节　弯曲件的工序安排

　　弯曲件工序安排是在工艺分析和计算后进行的工艺设计程序。弯曲件的工序安排与制件形状尺寸、公差等级、产量以及材料的性能等有关。工序安排是否合理,关系到弯曲变形的是否成功和制件的成本高低。工序安排的实质是确定弯曲模具的结构类型,所以它是弯曲模具设计的基础。工序安排合理,可以简化模具结构、保证制件质量和提高劳动生产率。

一、弯曲件弯曲工序安排原则

　　(1) 对于形状简单的弯曲件,如 V 形、U 形、Z 形件等,可以一次弯曲成形。对于形状较复杂的弯曲件,一般要采用两次或多次弯曲成形。

　　(2) 对于批量较大而尺寸小的制件,应尽可能采用一副复杂结构的模具成形,这样有利于弯曲件的定位,并保证弯曲件的准确性。同时,使工人操作方便和安全。

　　(3) 需多次弯曲时,一般次序是先弯两端部分的外角,后弯中间部分的内角。前次弯曲要考虑后次弯曲有可靠的定位,后次弯曲不能影响前次弯曲已成形的形状。

　　(4) 当弯曲件几何形状不对称、单件弯曲易发生坯料偏移时,应考虑采用两单件成对弯曲,然后切开的加工工艺。

二、弯曲件工序安排实例

　　图 3-41～图 3-44 分别为一次弯曲、二次弯曲、三次弯曲以及多次弯曲成形制件的例图,可供参考。

图 3-41　一道弯曲工序成形

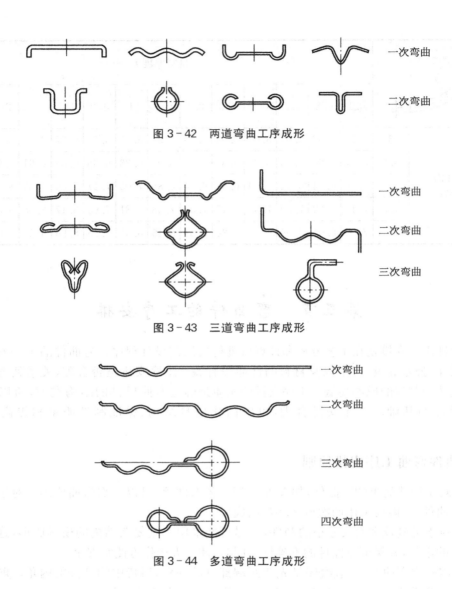

图 3-42　两道弯曲工序成形

图 3-43　三道弯曲工序成形

图 3-44　多道弯曲工序成形

第六节　弯曲力的计算

弯曲力是设计弯曲模和选择压力机吨位的重要依据之一。特别是在弯曲板料较厚、相对弯曲半径较小、材料强度较大以及制件弯曲线较长时，必须对弯曲力进行计算，以利于经济、安全、合理地选择冲压设备。由于影响弯曲力的因素较多，如材料性能、制件形状、弯曲方法、模具结构、模具间隙和模具工作表面质量等，因此，用理论分析的方法很难精确地计算弯曲力。生产实际中常用经验公式来概略计算弯曲力，作为设计弯曲工艺过程和选择冲压设备的依据。

一、自由弯曲时的弯曲力

V 形弯曲件弯曲力
$$F_{自} = \frac{0.6kbt^2\sigma_b}{r+t} \tag{3-11}$$

U 形弯曲件弯曲力
$$F_{自} = \frac{0.7kbt^2\sigma_b}{r+t} \tag{3-12}$$

式中，$F_{自}$ 为冲压行程结束时的自由弯曲力（N）；K 为安全系数，一般取 $K=1.3$；b 为弯曲件弯曲边的长度（mm）；t 为弯曲件材料的厚度（mm）；r 为弯曲件的内弯曲半径（mm）；σ_b 为弯曲件材料的强度极限（MPa）。

二、校正弯曲时的弯曲力

校正弯曲是在自由弯曲阶段后，进一步对贴合凸模、凹模表面的弯曲件进行挤压，其校正力比自由弯曲力大得多。由于这两个力先后作用，校正弯曲时只需计算校正弯曲力。V 形弯曲件和 U 形弯曲件均按下式计算：

$$F_{校} = qA \tag{3-13}$$

式中，F 为校正弯曲时的弯曲力（N）；A 为校正部分垂直投影面积（mm²）；q 为单位面积上的校正力（MPa），其值见表 3-10。

表 3-10　校正弯曲时单位压力 q 值　　　（MPa）

材料名称	板料厚度 t(mm)			
	<1	1~3	3~6	6~10
铝	10~20	20~30	30~40	40~50
黄铜	20~30	30~40	40~60	60~80
10、15、20 钢	30~40	40~60	60~80	80~100
25、30 钢	40~50	50~70	70~100	100~120

三、压弯时的顶件力和压料力

对于设有顶件装置或压料装置的弯曲模，顶件力或压料力 F_Q 值可近似地取作自由弯曲力的 30%~80%，即

$$F_Q = (0.3 \sim 0.8)F_{自} \tag{3-14}$$

四、弯曲时压力机吨位的确定

自由弯曲时，压力机吨位 $F_{压机}$ 应为

$$F_{压机} \geqslant F_{自} + F_Q$$

校正弯曲时，由于校正力是发生在接近压力机下止点的位置，校正力的数值比自由弯曲

力、顶件力和压料力大得多，所以其顶件力和压料力可忽略不计，即

$$F_{压机} \geqslant F_{校}$$

第七节　弯曲模的典型结构

一、弯曲模结构设计要点

弯曲件类型繁多、形状各异，因此，根据弯曲件的形状、尺寸、精度、材料和生产批量等拟定的弯曲工序而设计的弯曲模具也是多种多样的。其设计要点如下：

（1）坯料的定位要准确、可靠，尽可能是水平放置，也可利用坯料上的孔定位。多次弯曲时，最好采用同一定位基准。

（2）模具结构上要防止坯料在冲压变形过程中发生位移，避免材料变薄和断面发生畸变，可以考虑采用对称弯曲和校正弯曲。

（3）坯料的放入和制件的取出要方便、可靠、安全，满足操作简单的要求。

（4）确保弯曲件尺寸稳定、质量保证的条件下，尽可能使模具结构简单、实用，降低模具加工成本。

（5）模具易于调试、修理。对于弹性大的材料，必须重视凸、凹模试模，调整的可能及强度、刚度要求。

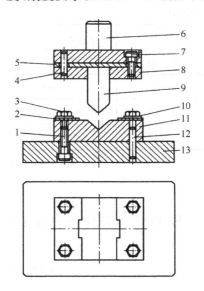

图 3-45　V 形件弯曲模

1、7—内六角螺钉；2—定位板；3—六角螺钉；4、12—圆柱销；5—垫板；6—上模座；8—固定板；9—凸模；10—垫圈；11—凹模；13—下模座

二、弯曲模的典型结构

弯曲模的结构主要取决于弯曲件的形状及弯曲工序的安排。下面以不同类型的常见弯曲件为主线，分别分析弯曲模的典型结构及其特点。

1. V 形件弯曲模

V 形件形状简单，能一次弯曲成形。V 形件的弯曲方法有两种，一种是沿弯曲件的角平分线方向弯曲，称为 V 形弯曲；另一种是垂直于一直边方向的弯曲，称为 L 形弯曲。图 3-45 所示为 V 形件弯曲模的基本结构。该模具的优点是结构简单，在压力机上安装及调整方便，对材料厚度的公差要求不严，制件在冲程末端得到不同程度的校正，因而回弹较小，制件的平面度较好。适用于一般 V 形件的弯曲。

为防止坯料在弯曲过程中发生偏移，可以在 V 形凹模上安置顶件装置。图 3-46 所示为 V 形件弯曲模的改进型。顶件杆 4 起到压料、顶件作用，对防止坯料在弯曲时发生偏移，具有明显效果。

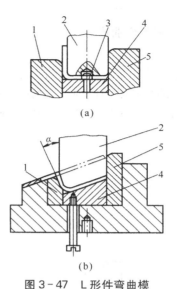

图 3－47　L 形件弯曲模

1—凹模；2—凸模；3—定位销；4—
顶件板；5—反侧压块

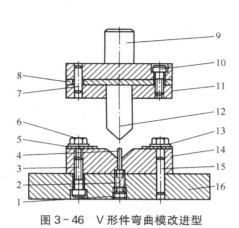

图 3－46　V 形件弯曲模改进型

1—螺塞；2—弹簧；3、10——内六角螺钉；4—顶
件杆；5—定位板；6—六角螺钉；7、15—圆柱销；
8—垫板；9—上模座；11—固定板；12—凸模；
13—垫圈；14—凹模；16—下模座

　　图 3－47 所示为 L 形件弯曲模，用于弯曲两直边长度相差较大的单角弯曲件。图 3－
47a 为基本形式。弯曲件直边长的一边夹紧在凸模 2 与顶件板 4 之间，另一边沿凹模 1 圆角
滑动而向上弯起。坯件上的工艺孔套在定位销 3 上，以防止因凸模与顶件板之间的压料力不
足而产生坯件偏移现象。这种弯曲因竖边部分没有
得到校正，所以回弹较大。

　　图 3－47b 是有校正作用的 L 形弯曲模。由于凹
模 1 和顶件板 4 的工作面有一定的倾斜角，因此，竖
直边也能得到一定的校正，弯曲后制件的回弹较小。
倾角值一般取 $5°\sim10°$。

　　图 3－48 所示为 V 形件精弯模。弯曲时，凸模 7
首先压住坯料。凸模再下降时，迫使两活动凹模 8 向
内转动，并沿靠板 5 向下滑动，使坯料压成 V 形。凸
模回程时，弹顶器使活动凹模上升。由于两活动凹模
板通过铰链 2 和销子铰接在一起，所以在上升的同时
向外转动张开，恢复到原始位置。支架 3 控制回程高
度，使两活动凹模成一平面。

　　V 形件精弯模在弯曲过程中，坯料与活动凹模始
终保持大面积接触，使其在活动凹模上不会产生相对
滑动和偏移，因此，弯曲件表面特别是外表面不会损
伤，制件的尺寸精度较高。它适用于弯曲毛坯没有足
够的定位支承面、窄长的形状复杂的制件，如图 3－48

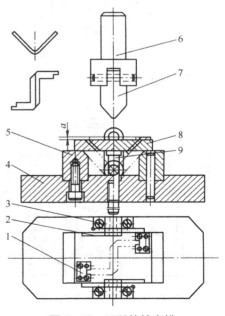

图 3－48　V 形件精弯模

1—定位板；2—铰链；3—支架；4—下模座；
5—靠板；6—模柄；7—凸模；8—活动凹模；
9—顶杆

中左上角所示的制件。

2. U形件弯曲模

1）一般U形件弯曲模　图3-49所示为一般U形件弯曲模。这种弯曲模在凸模的一次行程中能将两个角同时弯曲。冲压时,毛坯被压在凸模1和顶件板4之间逐渐下降,两端未被压住的材料沿凹模圆角滑动并弯曲,进入凸模与凹模间的间隙。凸模回升时,顶件板将制件顶出。由于材料的弹性,制件一般不会包在凸模上。

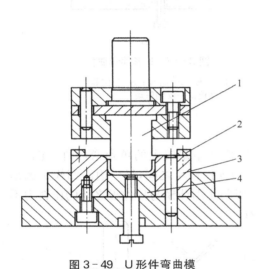

图3-49　U形件弯曲模

1—凸模;2—定位板;3—凹模;4—顶件板

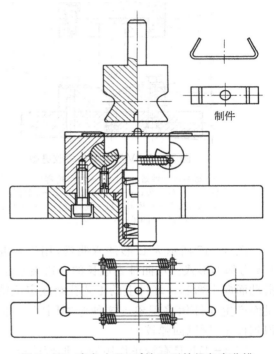

制件

图3-50　弯角小于90°的U形件闭角弯曲模

2）闭角弯曲模　图3-50所示为弯角小于90°的U形件闭角弯曲模,两侧的活动凹模镶块可在圆腔内回转,当凸模上升后,弹簧使活动凹模镶块复位。这种结构的模具可用于弯曲较厚的材料。

图3-51为带斜楔的闭角弯曲模结构。坯料首先在凸模5的作用下被压成U形件。随着上模座4继续向下移动,弹簧3被压缩,装于上模座4上的两块斜楔2压向滚柱1,使装有滚柱1的活动凹模块6、7分别向中间移动,将U形件两侧边向里弯成小于90°角度。当上模回程时,弹簧8使活动凹模块复位。本结构开始是靠弹簧3的弹力将坯料压成U形件的,由于

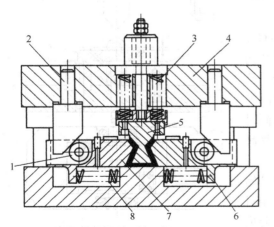

图3-51　弯曲角小于90°的U形件闭角弯曲模

1—滚柱;2—斜楔;3、8—弹簧;4—上模座;5—凸模;
6、7—凹模块

弹簧弹力的限制,只适用于弯曲薄料。

3. Z形件弯曲模

Z形件一次弯曲就可成形,图3-52a结构简单,压弯时因无压料装置,坯料易滑移,只适用于精度要求不高的弯曲。图3-52b是有顶件板5和定位销4的Z形件弯曲模,能有效防止坯料的偏移。图3-52c所示的Z形件弯曲模,在冲压前活动凸模7在弹性元件9的作用下与凸模2端面齐平。冲压时活动凸模与顶件板5将坯料夹紧,并由于弹性元件弹力较大,推动顶件板下移使坯料左端弯曲。当顶件板5接触到下模座6后,弹性元件9压缩,则凸模2相对活动凸模7下移将坯料右端弯曲成形。当限位块10与上模座11相碰时,整个制件得到校正。

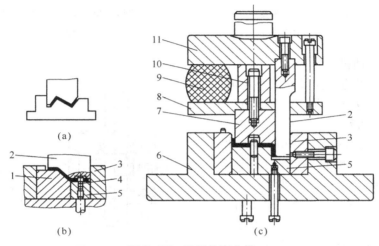

图3-52　Z形件弯曲模

1—凹模;2—凸模;3—反侧压块;4—定位销;5—顶件板;6—下模座;7—活动凸模;
8—凸模托板;9—弹性元件;10—限位块;11—上模座

4. 四角形件弯曲模

1) 四角形件一次弯曲模　四角形件一次弯曲成形最简单的弯曲模如图3-53所示。由图3-53a可以看出,在弯曲过程中由于凸模肩部妨碍了坯料的滑入,外角弯曲线位置在弯曲过程中是变化的,由B点到C点,坯料通过凹模圆角时摩擦力增大,因此坯料在弯曲时有拉长现象(图3-53b),制件脱模后,其外形尺寸伸长且下垂,并有竖直边变薄现象(图3-53c)。

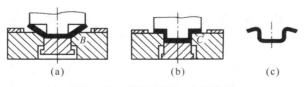

图3-53　四角形件一次弯曲模

2) 四角形件两次弯曲模　四角形件可以一次弯曲成形,也可以分两次弯曲成形。如果两次弯成,则第一次先将坯料弯成U形,即图3-54a,然后再将U形毛坯放在如图3-54b所示的弯曲模中弯成四角形件。图3-55所示的弯曲模是四角形件复合弯曲模。坯料放在凹模面上,由定位板定位。开始弯曲时,凸凹模1将坯料首先弯成U形,如图3-55a所示,随着活动凸模3继续下降,到行程终了时将U形制件压成四角形,如图3-55b所示。

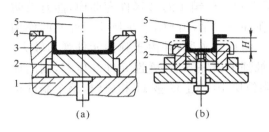

图3-54 四角形件两次弯曲模

1—下模座;2—顶板;3—凹模;4—定位板;5—凸模

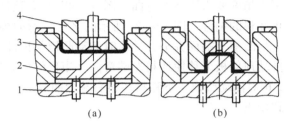

图3-55 四角形件复合弯曲模

1—顶杆;2—活动凸模;3—凹模;4—凸凹模

5. 圆形件弯曲模

根据圆形件圆的直径尺寸大小不同,圆形件的弯曲方法也不同。一般按直径分为小圆和大圆两种。

(1) 对于圆筒直径 $d \leqslant 5$ mm 的小圆形件,其弯曲方法一般是先弯成U形,再将U形弯成圆形,如图3-56所示。由于制件小,分两次弯曲操作不便,故也可采用如图3-57所示的小圆一次弯曲模,它适用于软材料和中小直径圆形件的弯曲。

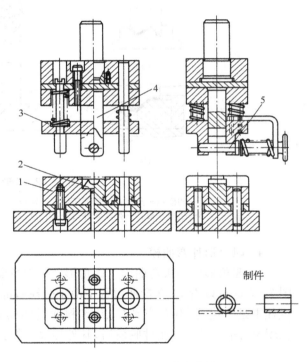

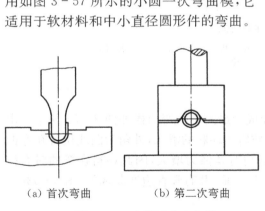

(a) 首次弯曲　　(b) 第二次弯曲

图3-56 小圆两次弯曲模

图3-57 小圆一次弯曲模

1—凹模固定板;2—下凹模;3—压料板;4—上凹模;5—芯轴凸模

坯料以凹模固定板1的定位槽定位。当上模下行时,芯轴凸模5与下凹模2首先将坯料弯成U形。上模继续下行时,芯轴凸模5带动压料板3压缩弹簧,由上凹模4将制件最后弯曲成圆形。上模回程后,制件停留在芯轴凸模上。拔出芯轴凸模,制件自重下落。一般圆形件弯曲后,必须用手工将制件从芯轴凸模上取下,操作比较麻烦,且不安全。

图3-58所示为自动推件的圆形件一次弯曲模。

坯料放在定位摆块2上定位。上模下行时,上凹模3和坯料先接触,使摆块2摆动,坯料

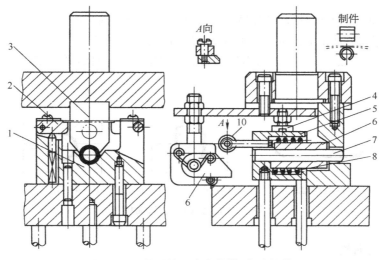

图 3-58 圆形件一次弯曲模（自动推件）

1—下凹模；2—摆块；3—上凹模；4—调整螺钉；5—升降架；6—滑套；7—芯轴凸模；
8—弹簧；9—弹顶器；10—推块；11—滑轮

脱离摆块。同时芯轴凸模 7 和上凹模 3 开始将坯料弯成倒 U 形。这时，调整螺钉 4 和升降架 5 接触，上模继续下行，迫使芯轴凸模 7 一起下移，在芯轴凸模和下凹模 1 的作用下，倒 U 形件被弯成圆形。上模回程时，装在上模的推块 10 的斜面作用于滑轮 11，推动滑套 6 将留在芯轴凸模上的制件自动推落。当推块脱离滑轮后，由弹簧 8 使滑套复位。本结构中弹顶器 9 的弹力也必须大于将坯料压成倒 U 形的弯曲力。

（2）对于圆筒直径 $d \geqslant 20$ mm 的大圆，其弯曲方法是先将坯料弯成波浪形，然后再弯成圆筒形，如图 3-59 所示。弯曲完毕后，制件套在凸模 3 上，可顺凸模轴向取出制件。为了提高生产率，也可以采用如图 3-60 所示的带摆动凹模的一次弯曲成形模。凸模下行，先将坯料

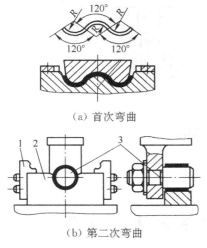

（a）首次弯曲

（b）第二次弯曲

图 3-59 大圆两次弯曲模

1—定位板；2—凹模；3—凸模

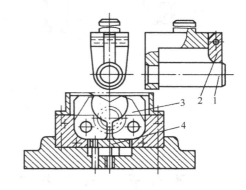

图 3-60 大圆一次弯曲模

1—凸模；2—支撑；3—摆动凹模；4—顶板

压成 U 形。凸模继续下行,摆动凹模将 U 形弯成圆形。弯好后,推开支撑 2,将制件从凸模 1 上取下。这种弯曲方法的缺点是弯曲件上部得不到校正,回弹较大。

图 3-61 是用三道工序弯曲大圆的方法,这种方法生产率低,适合加工材料厚度较大的制件。

(a) 首次弯曲　　　　　(b) 第二次弯曲　　　　　(c) 第三次弯曲

图 3-61　大圆三次弯曲模

6. 铰链件弯曲模

图 3-62 所示为常见的铰链件形式及其弯曲工序安排。铰链件通常采用推圆法进行卷圆。铰链件弯曲模如图 3-63 所示。可以先预弯(预弯模见图 3-63a),再卷圆;图 3-63b 所示为立式卷圆模,结构简单。也可以采用一副模具成形,图 3-63c 所示为卧式卷圆模,有压料装置,不仅操作方便,制件质量也好。

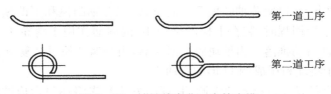

第一道工序

第二道工序

图 3-62　铰链件弯曲工序的安排

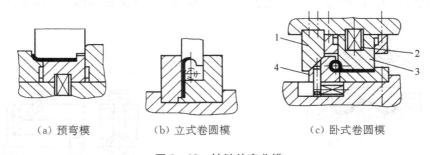

(a) 预弯模　　　　　(b) 立式卷圆模　　　　　(c) 卧式卷圆模

图 3-63　铰链件弯曲模

1—斜楔;2—弹簧;3—凸模;4—凹模

第八节　弯曲模工作部分尺寸的确定

弯曲模工作部分尺寸的设计内容,主要是对弯曲凸模、凹模的圆角半径和尺寸、公差;凹模工作深度和形状以及 U 形弯曲模凸、凹模间隙等的确定。

一、弯曲凸模的圆角半径

当弯曲件的相对弯曲半径 $r/t<5\sim8$，且大于最小相对弯曲半径 r_{min}/t 时，凸模圆角半径一般等于制件的圆角半径。若 r/t 小于 r_{min}/t，可先选用较大的圆角半径，然后增加整形工序来减小圆角半径，最终使制件达到图样的要求。

当弯曲件的相对弯曲半径 $r/t>5\sim8$，由于圆角半径回弹大，设计时应计算凸模圆角半径，根据回弹值作相应的调整。

二、弯曲凹模的圆角半径及其工作部分的深度

图 3-64 所示为弯曲凸模和凹模的结构尺寸。凹模圆角半径的大小对弯曲变形力和制件质量均有影响，同时还关系到凹模厚度值的确定。凹模圆角半径 $r_凹$ 过小，毛坯沿凹模圆角滑进时阻力大，使制件表面擦伤甚至出现压痕。凹模圆角半径 $r_凹$ 过大，会影响坯料定位的准确性。两边凹模圆角半径 $r_凹$ 制造不一致，会使毛坯两侧弯曲时移动速度不一致而发生偏移。生产中，凹模圆角半径通常根据材料厚度选取：

$$t<2 \text{ mm 时}, r_凹 = (3\sim6)t;$$
$$t=2\sim4 \text{ mm 时}, r_凹 = (2\sim3)t;$$
$$t>4 \text{ mm 时}, r_凹 = 2t$$

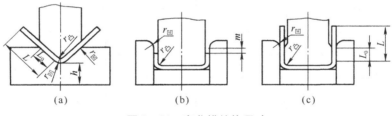

图 3-64　弯曲模结构尺寸

对于 V 形件凹模底部，可取凸模圆角半径同值的圆弧过渡，也可开槽。若需校正弯曲，其凹模底部圆角取：

$$R_凹 = (0.6\sim0.8)(r_凹+t)$$

弯曲凹模深度 L_0（图 3-64a、c）要适当。过小时，制件两端的自由部分较长，弯曲件回弹大，而且直边不平直，甚至会出现似凹模壁的压痕。过大时，则需要较大的压力机行程，而且模具材料浪费。

弯曲 V 形件时，凹模深度 L_0 及底部最小厚度 h（图 3-64a）可查表 3-11。但应保证开口尺寸不能大于弯曲坯料展开长度的 80%。

弯曲 U 形件时，若制件弯边高度不大或要求两边平直，则凹模深度应大于制件弯边高度，如图 3-64b 所示，图中 m 值见表 3-12。若制件弯边高度较大，且平直度要求不高时，可采用如图 3-64c 所示的凹模形式。凹模深度 L_0 值见表 3-13。

表3-11　弯曲 V 形件的凹模深度 L_0 及底部最小厚度值 h　　　　(mm)

弯曲件边长 L	材料厚度 t					
	<2		2~4		>4	
	h	L_0	h	L_0	h	L_0
>10~25	20	10~15	22	15	—	—
>25~50	22	15~20	27	25	32	30
>50~75	27	20~25	32	30	37	35
>75~100	32	25~30	37	35	42	40
>100~150	37	30~35	42	40	47	50

表3-12　弯曲 U 形件凹模的 m 值　　　　(mm)

材料厚度 t	≤1	1~2	2~3	3~4	4~5	5~6	6~7	7~8	8~10
m	3	4	5	6	8	10	15	20	25

表3-13　弯曲 U 形件的凹模深度 L_0　　　　(mm)

弯曲件边长 L	材料厚度 t				
	≤1	1~2	2~4	4~6	6~10
25~50	15	20	25	30	35
50~75	20	25	30	35	40
75~100	25	30	35	40	40
100~150	30	35	40	50	50
150~200	40	45	55	65	65

三、弯曲凸模和凹模之间的间隙

弯曲 V 形件时,凸模和凹模之间的间隙是由调节压力机的闭合高度来控制的。对于 U 形类弯曲件,则必须选择合适的间隙值。因为凸模和凹模之间的间隙值对弯曲件回弹、表面质量和弯曲力均有很大的影响。若间隙过大,制件回弹量增大,制件的误差增加;而间隙过小,会使制件直边部分料厚减薄和出现划痕,还会加剧模具的磨损,降低凹模寿命。凸模和凹模单边间隙 $Z/2$(图 3-65c)一般可按下式计算:

弯曲有色金属时　　　　　　　$Z/2 = t_{min} + nt$　　　　　　(3-15)

弯曲黑色金属时　　　　　　　$Z/2 = t + nt$　　　　　　(3-16)

式中,$Z/2$ 为弯曲凸模和凹模的单边间隙(mm);t、t_{min} 为材料厚度基本尺寸和最小尺寸(mm);n 为间隙系数,可查表 3-14。

当制件精度要求较高时,其间隙值应适当减小,可以取材料厚度基本尺寸为单边间隙,即 $Z/2 = t$。

表 3-14 U形件弯曲模的间隙系数 n

弯曲件高度 (mm)	材料厚度(mm)								
	0.5以下	0.6~2	2.1~4	4.1~5	0.5以下	0.6~2	2.1~4	4.1~7.5	7.6~12
	$B \leqslant 2H$				$B > 2H$				
10	0.05	0.05	0.04	—	0.10	0.10	0.08	—	—
20	0.05	0.05	0.04	0.03	0.10	0.10	0.08	0.06	0.06
35	0.07	0.05	0.04	0.03	0.15	0.10	0.08	0.06	0.06
50	0.10	0.07	0.05	0.04	0.20	0.15	0.08	0.06	0.06
75	0.10	0.07	0.05	0.05	0.20	0.15	0.10	0.10	0.08
100	—	0.07	0.05	0.05		0.15	0.10	0.10	0.08
150	—	0.10	0.07	0.05	—	0.20	0.15	0.10	0.10
200	—	0.10	0.07	0.07	—	0.20	0.15	0.15	0.10

注:B 为材料宽度(mm),H 为直边高度(mm)。

四、弯曲凸模和凹模工作尺寸的计算

弯曲凸模和凹模宽度尺寸计算与制件尺寸的标注有关。一般原则如下:

制件标注外形尺寸(图 3-65a)模具以凹模为基准件,间隙取在凸模上。反之,制件标注内形尺寸(图 3-65b),模具以凸模为基准件,间隙取在凹模上。

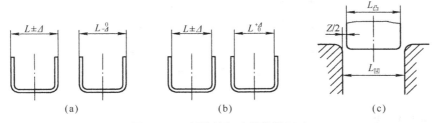

图 3-65 制件的标注及模具尺寸

当制件标注外形时,则

$$L_{凹} = (L_{max} - 0.5\Delta)^{+\delta_凹}_0 \tag{3-17}$$

$$L_{凸} = (L_{凹} - Z)^0_{-\delta_凸} \tag{3-18}$$

当制件标注内形时,则

$$L_{凸} = (L_{min} + 0.5\Delta)^0_{-\delta_凸} \tag{3-19}$$

$$L_{凹} = (L_{凸} + Z)^{+\delta_凹}_0 \tag{3-20}$$

式中,L_{max} 为弯曲件工作宽度的最大尺寸;L_{min} 为弯曲件工作宽度的最小尺寸;$L_{凸}$ 为凸模工作宽度尺寸;$L_凹$ 为凹模工作宽度尺寸;Δ 为弯曲件宽度尺寸的公差;Z 为凸、凹模双面间隙;$\delta_凸$、$\delta_凹$ 分别为凸模和凹模的制造偏差,一般按 IT9～IT7 级精度选用。

以上进行弯曲凸模和凹模工作尺寸计算的同时,应当注意弯曲回弹趋势和模具的磨损规律等对弯曲件精度的影响。弯曲回弹的主要影响是弯曲件角度变化,而模具的磨损主要发生在凹模。

第九节　弯曲模具设计典型案例

本章模具设计典型案例,是计算图 3－66 所示制件的展开尺寸及确定弯曲模的工作部分尺寸。

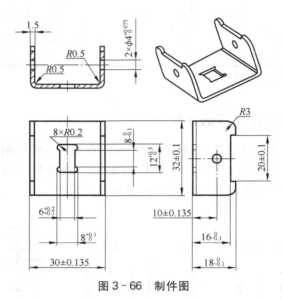

图 3－66　制件图

一、计算展开尺寸

按制件图确定关于弯曲的各线段长度,其中尺寸(30±0.135)mm、(10±0.135)mm、$16_{-0.1}^{0}$ mm 和 $18_{-0.1}^{0}$ mm 取其公差带的中间值,即定为 30 mm、10 mm、15.95 mm 和 17.95 mm。则直线段分别有 $l_{直1}=8$ mm、$l_{直2}=13.95$ mm、$l_{直3}=15.95$ mm 和 $l_{直4}=26$ mm,如图 3－67 坯料分析。

根据圆弧段的 $r=0.5$ mm、$t=1.5$ mm,由表 3－9 查出其 90° 时中性层展开长度是 1.63 mm。

求出各直线段长度与各圆弧段的弧长之总和,得到弯曲件坯料的总长度:

$$L_1 = 2 \times 15.95 + 26 + 2 \times 1.63 = 61.16 \text{ mm}$$
$$L_2 = 2 \times 13.95 + 26 + 2 \times 1.63 = 57.16 \text{ mm}$$
$$L_3 = 2 \times 8 + 26 + 2 \times 1.63 = 45.26 \text{ mm}$$

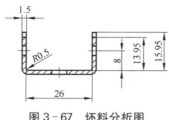

图 3-67　坯料分析图

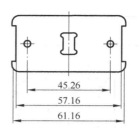

图 3-68　制件的展开部分尺寸图

制件的展开尺寸如图 3-68 所示。

二、确定弯曲模的工作部分尺寸

（1）根据制件的形状，采用 U 形弯曲模结构。为了既保证弯曲件的直边质量又使凹模厚度不太高，选用图 3-64(c)型。

（2）制件材料厚度 $t \leqslant 2$ mm 时，凹模圆角半径 $r_凹 = (3 \sim 6)t$，现取 $r_凹 = 4.5$ mm。

（3）弯曲凸模与凹模之间间隙的确定。当制件精度要求较高时，其间隙值可以取材料厚度基本尺寸为单边间隙，即 $Z/2 = 1.5$ mm。

（4）弯曲凸模与凹模工作尺寸的确定。

当制件标注外形时，则

$$L_凹 = (L_{max} - 0.5\Delta)^{+\delta_凹}_0, \quad L_凸 = (L_凹 - Z)^0_{-\delta_凸}$$

其中凸模和凹模的制造偏差，一般按 IT9～IT7 级精度选用。现取 $\delta_凹 = \delta_凸 = 0.02$ mm。

$$L_凹 = (30.135 - 0.5 \times 0.27)^{+0.02}_0 = 30^{+0.02}_0$$

$$L_凸 = (30 - 2 \times 1.5)^0_{-0.02} = 27^0_{-0.02}$$

三、计算冲压力

用校正弯曲的方式，可以有效地克服回弹对制件质量的影响。根据材料 Q235、厚度 1.5 mm，查有关手册得 $q = 50$ MPa；由式（3-13）得

$$F_校 = 50 \times 32 \times 27 = 43\,200\,\text{N} = 43.2\,\text{kN}$$

四、弯曲模具结构设计

此弯曲件的弯曲模总装图如图 3-69 所示，主要零件图见表 3-15 中各图，以供参考。

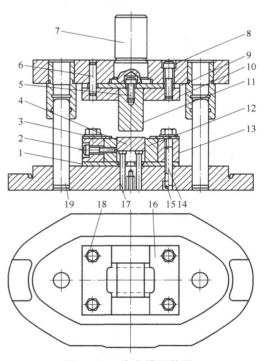

图 3-69　弯曲模总装图

1—下垫板；2、5、8、15—内六角螺钉；3—垫圈；4—顶件板；6、14—圆柱销；7—模柄；9—上垫板；10—凸模固定板；11—凸模；12—凹模镶块；13—凹模固定板；16—定位板；17—顶件杆；18—六角螺钉；19—中间滑动导向模架

表 3-15　主要弯曲模具零件图

名称	图示	技术条件
凹模固定板	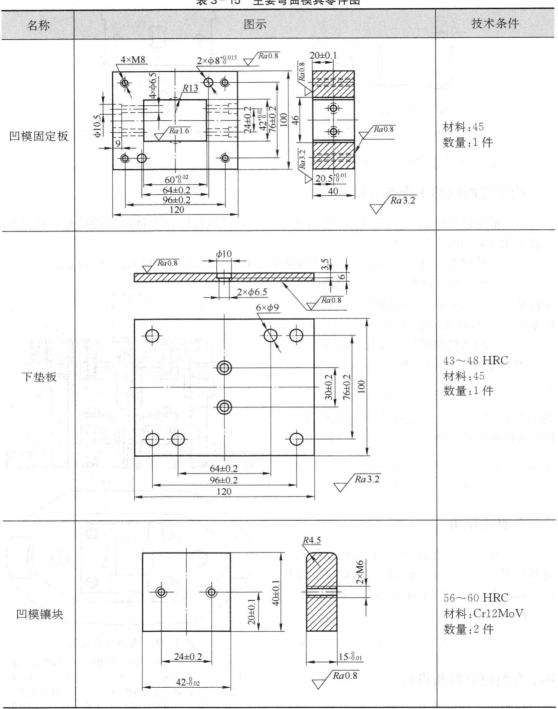	材料:45 数量:1件
下垫板		43～48 HRC 材料:45 数量:1件
凹模镶块		56～60 HRC 材料:Cr12MoV 数量:2件

续表

名称	图示	技术条件
凸模	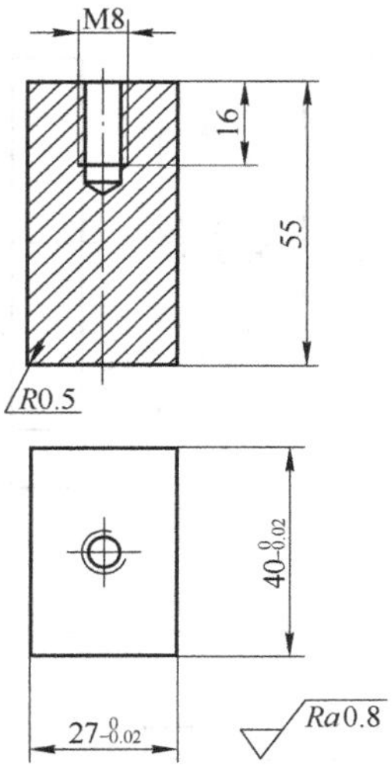	56～60 HRC 材料:Cr12MoV 数量:1 件
顶件板	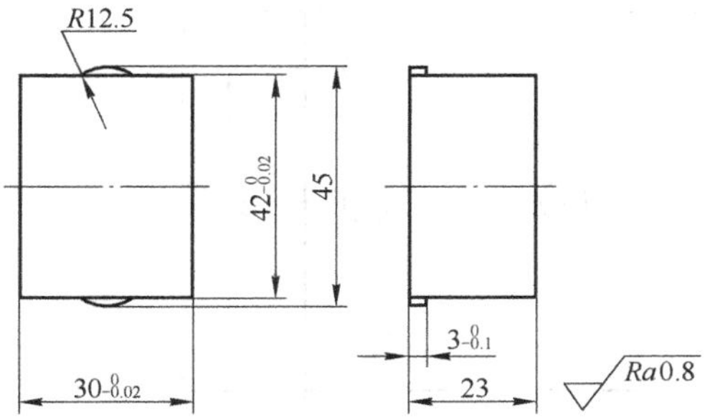	50～54 HRC 材料:Cr12MoV 数量:1 件
定位板	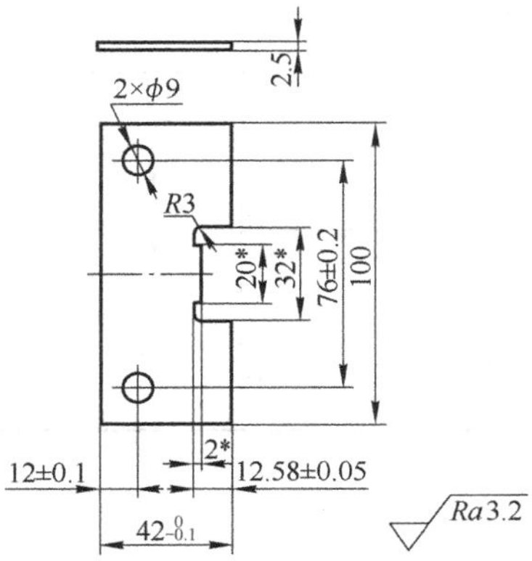	注 * 尺寸与制件一致 材料:Q235 数量:2 件

续表

名称	图示	技术条件
凸模固定板	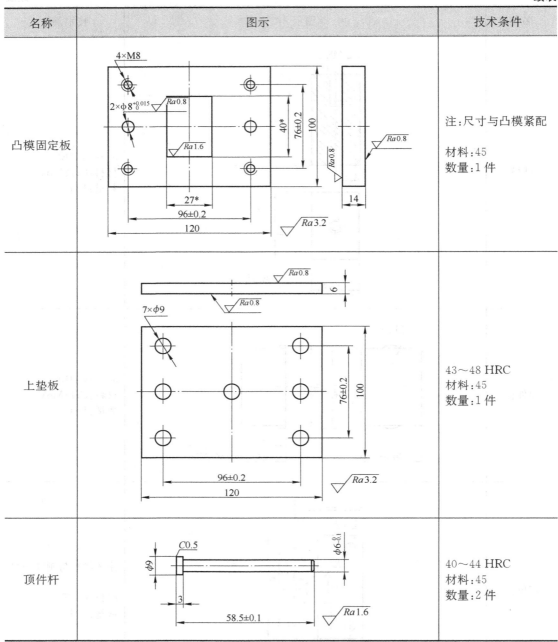	注:尺寸与凸模紧配 材料:45 数量:1件
上垫板		43～48 HRC 材料:45 数量:1件
顶件杆		40～44 HRC 材料:45 数量:2件

❁❁ 思考与练习 ❁❁

1. 试分析宽板、窄板弯曲时的应力、应变状态有所不同的原因。

2. 弯曲时的变形程度用什么来表示?为什么可用它来表示?弯曲时的极限变形程度受哪些因素的影响?

3. 为什么说弯曲中的回弹是一个不容忽视的问题？试述减小弯曲件回弹的常用措施。

4. 试述弯曲过程中坯料可能产生偏移的原因，以及减小和克服偏移的措施。

5. 简述弯曲件的结构工艺性。

6. 简述弯曲件的工序安排原则。

7. 计算如图 3-70 所示弯曲件的坯料长度。

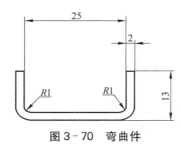

图 3-70　弯曲件

第四章　拉深模具设计及案例

【学习目标】

1. 能够对材料拉深变形进行熟练分析。
2. 能够对拉深件进行质量分析。
3. 掌握筒形件工艺计算方法。
4. 熟悉并掌握拉深模的几种典型结构。
5. 了解有凸缘圆筒形件和盒形拉深件的拉深特点。
6. 熟悉、领会拉深模具设计案例过程。

拉深是利用拉深模在压力机的压力作用下,将平板坯料或空心工序件制成空心制件的加工方法。拉深又称拉延。

用拉深工艺可以成形圆筒形、阶梯形、球形、锥形、抛物线形等旋转体制件,也可成形盒形等非旋转体制件,若将拉深与其他成形工艺(如胀形、翻边等)复合,则可加工出形状非常复杂的制件,如汽车车门等,如图 4-1 所示。拉深广泛用于汽车、拖拉机、仪表、电子、航空和航天等各种工业部门和日常生活用品的生产中。因此其应用非常广泛,是冷冲压的基本成形工序之一。

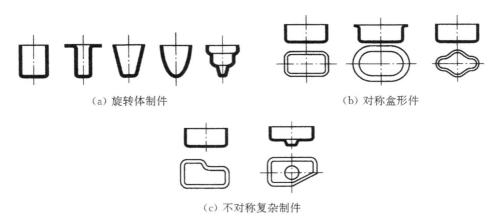

(a) 旋转体制件　　　　　　　　　　　(b) 对称盒形件

(c) 不对称复杂制件

图 4-1　拉深件示意图

拉深可分为不变薄拉深和变薄拉深。不变薄拉深成形后的制件,其各部分的厚度与拉深前坯料厚度相比,基本不变;而变薄拉深成形后的制件,其壁厚与原坯料厚度相比则有明显的变薄,制件的特点是底部厚、壁部薄(如弹壳、高压锅)。在实际生产中,应用较多的是不变薄拉深。

本章主要讨论圆筒形件的不变薄拉深，在此基础上，分析其他各种形状制件的拉深特点。

第一节　拉深变形过程分析

一、拉深变形过程

圆筒形件的拉深过程如图 4-2 所示。直径为 D、厚度为 t 的圆形毛坯经拉深模拉深，得到了具有内径为 d、高度为 h 的开口圆筒形制件。图 4-3 表明拉深过程中，圆形平板毛坯拉成筒形时，材料的转移情况。若将平板毛坯的三角形阴影部分切去，把留下部分沿着直径为 d 的圆周折弯，并把它们加以焊接，就可以做成一个高度 $h=(D-d)/2$ 的圆筒形制件。

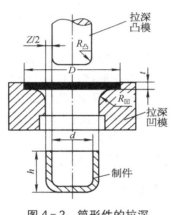

图 4-2　筒形件的拉深

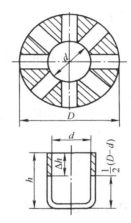

图 4-3　拉深时材料的转移

但是，在实际的拉深过程中，并没有把这"多余三角形材料"切掉。由此可见，这部分材料在拉深过程中已产生塑性流动而转移了，使得拉深后制件的高度增加了 Δh，所以 $h>(D-d)/2$，制件壁厚也略有增加。

为了进一步说明金属的流动情况，可在圆形毛坯上画出许多等间距为 a 的同心圆和等分度的辐射线，如图 4-4 所示。在拉深后观察由这些同心圆与辐射线所组成的网格，可以发现：在筒形件底部的网格基本上保持原来的形状，而筒壁部分的网格则发生了很大的变化。原来的同心圆变为筒壁上的水平圆周线，而且其间距 a 也增大了，愈靠近筒的上部增大愈多，即 $a_1 > a_2 > a_3 > \cdots > a$，原来等分度的辐射线变成了筒壁上的垂直平行线，其间距则完全相同，即 $b_1 = b_2 = b_3 = \cdots = b$。测量此时制件的高度，发现筒壁高度大于 $(D-d)/2$。这说明材料沿高度方向产生了塑性流动。

拉深前的扇形网格是怎样变成矩形的？可以从变形区任选一个扇形格子来分析，如图 4-4a 所示。由于拉深前后材料厚度变化很小，故可认为拉深前扇形格子的面积和拉深后矩形格子面积相等。从图中可看出，扇形的宽度大于矩形的宽度，而高度却小于矩形的高度，要使扇形格子拉深后变成矩形格，必须宽度减小而长度增加。很明显扇形格子只要切向受压产生压缩变形，径向受拉产生伸长变形就能产生这种情况。而在实际的变形过程中，由于有

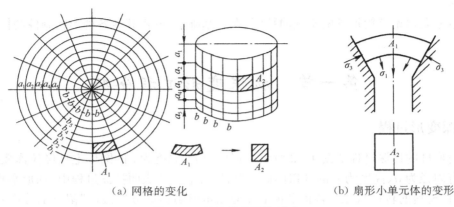

（a）网格的变化　　　　　　　（b）扇形小单元体的变形

图4-4　拉深件的网格试验

三角形多余材料存在（图4-3），拉深时材料间的相互挤压产生了切向压应力（图4-4b），凸模提供的拉深力产生了径向拉应力。故$D-d$的圆环部分在径向拉应力和切向压应力的作用下径向伸长、切向缩短，扇形格子就变成了矩形格子。

由上述分析可知，在拉深过程中，毛坯的中心部分成为筒形件的底部，基本不变形，是不变形区。毛坯的凸缘部分（即$D-d$的环形部分）是主要变形区。拉深过程实质上就是将毛坯的凸缘部分材料逐渐转移到筒壁部分的过程。在转移过程中，凸缘部分材料由于拉深力的作用，在径向产生拉应力σ_1，又由于凸缘部分材料之间相互的挤压作用，在切向产生压应力σ_3。在σ_1与σ_3的共同作用下，凸缘部分材料发生塑性变形，其"多余三角形材料"将沿着径向被挤出，并不断地被拉入凹模洞口内，成为圆筒形的开口空心件。

二、拉深过程中变形毛坯各部分的应力与应变状态

在实际生产中可发现拉深件各部分的厚度是不一致的，如图4-5所示。一般是：底部略为变薄，但基本上等于原坯料的厚度；壁部上段增厚，越到上缘增厚越大；壁部下段变薄，越靠下部变薄愈多；在壁部向底部转角稍上处（见图4-5的a处），则出现严重变薄，甚至断裂。另外，沿高度方向，拉深件各部分的硬度也不一样，越到上缘硬度越高。这说明在拉深过程的不同时刻，坯料内各部分由于所处的位置不同，它们的应力应变状态是不一样的。为了更加深刻地认识拉深过程、了解拉深过程中所发生的各种现象，有必要探讨拉深过程中材料各部分的应力应变状态。

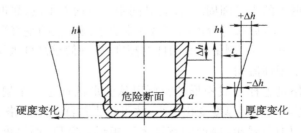

图4-5　拉深件沿高度方向硬度和壁厚的变化

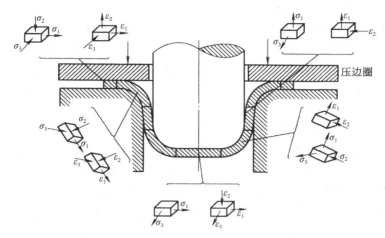

图 4-6　拉深中毛坯各部分的应力应变状态

如图 4-6 所示,以带压边圈的直壁圆筒形件的首次拉深为例,说明在拉深过程中的某一时刻毛坯的变形和受力情况。图中 σ_1、ε_1 为毛坯的径向应力与应变;σ_2、ε_2 为毛坯的厚向应力与应变;σ_3、ε_3 为毛坯的切向应力与应变。

根据圆筒件各部位的受力和变形性质的不同,可将整个变形毛坯分为五个部分。

1. 凸缘部分——主要变形区

这是拉深变形的主要变形区,也是扇形网格变成矩形网格的区域。此处材料被拉深凸模拉入凸模与凹模之间间隙而形成筒壁。这一区域变形材料主要承受切向的压应力 σ_3 和径向的拉应力 σ_1,厚度方向承受由压边力引起的压应力 σ_2 的作用。

由网格试验可知,变形材料在凸模力的作用下挤入凹模时,切向产生压缩变形 ε_3,径向产生伸长变形 ε_1;而厚向的变形 ε_2 取决于 σ_1 和 σ_3 之间的比值。当 σ_1 的绝对值最大时,则 ε_2 为压应变;当 σ_3 的绝对值最大时,ε_2 为拉应变。

由图 4-4 可知,在凸缘的最外缘需要压缩的材料最多,因此该处的 σ_3 绝对值最大,凸缘外缘的 ε_2 应是伸长变形。如果此时 σ_3 值过大,则此处材料因受压过大而失稳起皱,导致拉深不能正常进行。

2. 凹模圆角部分——过渡区

这是凸缘进入筒壁部分的过渡变形区,材料的变形比较复杂,除具有与凸缘部分相同的特点,即径向受拉应力 σ_1 和切向受压应力 σ_3 作用外,厚度方向上还要受凹模圆角的压力和弯曲作用产生的压应力。该区域的变形状态也是三向的:ε_1 是绝对值最大的主应变(拉应变),ε_2 和 ε_3 是压应变,此处材料厚度减薄。

3. 筒壁部分——传力区

这是已变形区。这部分材料已经形成筒形,基本不再发生变化。它将凸模的作用力传给凸缘变形区的材料,因此是传力区。拉深过程中直径受凸模的阻碍不再发生变化,即切向应变 ε_3 为零。如果间隙合适,厚度方向上将不受力的作用,即 σ_2 为零。σ_1 是凸模产生的拉应力,由于材料在切向受凸模的限制不能自由收缩,σ_3 也是拉应力。其中 ε_1 为伸长应变,ε_2 为压缩应变。

4. 凸模圆角部分——过渡区

这是筒壁和圆筒底部的过渡区,材料承受筒壁较大的拉应力 σ_1、凸模圆角的压力和弯曲作用产生的压应力 σ_2 和切向拉应力 σ_3。在这个区域的筒壁与筒底转角处稍上的位置,拉深开始时材料处于凸模与凹模间,需要转移的材料较少,受变形的程度小,冷作硬化程度低,加之该处材料变薄,使传力的截面积变小,所以此处往往成为整个拉深件强度最薄弱的地方,是拉深过程中的"危险断面"。

5. 筒底部分——小变形区

这部分材料处于凸模下面,直接接受凸模施加的力并由它将力传给圆筒壁部,因此该区域也是传力区。该处材料在拉深开始就被拉入凹模内,并始终保持平面形状。它受两向拉应力 σ_1 和 σ_3 作用。此区域的变形是三向的:ε_1 和 ε_3 为拉伸应变,ε_2 为压缩应变。由于凸模圆角处的摩擦制约了底部材料的向外流动,故圆筒底部变形不大,只有 $1\%\sim3\%$,一般可忽略不计。

第二节　拉深件的质量分析

由前节的分析可知,拉深时毛坯各部分的应力、应变状态不同,而且随着拉深过程的进行应力、应变状态还在变化,这使得在拉深变形过程中产生了一些特有的现象,如起皱、拉裂、凸耳等。

一、起皱

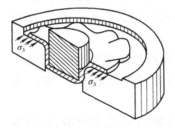

拉深时凸缘变形区的材料在切向均受到 σ_3 压应力的作用。当 σ_3 过大,材料又较薄,σ_3 超过此时材料所能承受的临界压应力时,材料就会失稳弯曲而拱起。在凸缘变形区沿切向就会形成高低不平的皱褶,这种现象称为起皱,如图 4-7 所示。起皱在拉深薄料时更容易发生,而且首先在凸缘的外缘开始,因为此处的 σ_3 值最大。

图4-7　毛坯凸缘的起皱情况

变形区一旦起皱,对拉深的正常进行是非常不利的。因为毛坯起皱后,拱起的皱褶很难通过凸、凹模间隙被拉入凹模,如果强行拉入,则拉应力迅速增大,容易使毛坯受过大的拉力而导致断裂报废。即使模具间隙较大,或者起皱不严重,拱起的皱褶能勉强被拉进凹模内形成筒壁,皱褶也会留在制件的侧壁上,从而影响其表面质量。同时,起皱后的材料在通过模具间隙时与凸模、凹模间的压力增加,导致与模具间的摩擦加剧,磨损严重,使得模具的寿命大为降低。因此,起皱应尽量避免。

影响起皱的主要因素如下:

1) 坯料的相对厚度 t/D　平板坯料在平面方向受压时,其厚度越薄越容易起皱。一旦失稳起皱发生,反之不容易起皱。在拉深中,更确切地说,坯料的相对厚度越小,变形区抗失稳能力越差,也就越容易起皱。

2) 切向压应力 σ_3 的大小　拉深时 σ_3 的值决定于变形程度,变形程度越大,需要转移的剩余材料越多,加工硬化现象越严重,则 σ_3 越大,就越容易起皱。

3）材料的力学性能　材料的弹性模量 E 越大,抵抗失稳的能力也越大。材料的屈强比 σ_s/σ_b 小,则屈服极限小,变形区内的切向压应力也相对减小,因此板料不容易起皱。当板厚向异性系数 r 大于 1 时,说明板料在宽度方向上的变形易于厚度方向,材料易于沿平面流动,因此不容易起皱。

4）凹模工作部分的几何形状　与普通的平端面凹模相比,锥形凹模允许用相对厚度较小的毛坯而不致起皱。生产中可用下述公式概略估算拉深件是否会起皱。

平端面凹模拉深时,毛坯首次拉深不起皱的条件是

$$t/D \geqslant (0.09 \sim 0.17)(1-d/D) \qquad (4-1)$$

用锥形凹模首次拉深时,材料不起皱的条件是

$$t/D \geqslant 0.03(1-d/D) \qquad (4-2)$$

式中,D、d 分别为毛坯的直径和制件的直径(mm);t 为板料的厚度。

防止起皱的最简单方法(也是实际生产中最常用的方法)是采用压边圈。加压边圈后,材料被强迫在压边圈和凹模平面间的间隙中流动,稳定性得到增加,起皱也就不容易发生。此外,采用拉深加强筋,也能有效地防止起皱。

二、拉裂

经过拉深后,筒形件壁部的厚度和硬度都会发生变化。在圆筒件侧壁的上部厚度增加最多,最大可达 $20\% \sim 30\%$;而在筒壁与底部转角稍上的地方板料厚度最小,厚度减少量最多可达 $8\% \sim 10\%$。当该断面的应力超过材料此时的强度极限时,制件就在此处被拉裂,如图 4-8 所示。即使拉深件未被拉裂,由于材料变薄过于严重,也可能使产品报废。

图4-8　拉裂

防止拉裂的根本措施是减小拉深时的变形抗力。通常是根据板料的成形性能,确定合理的拉深系数,采用适当的压边力和较大的模具圆角半径,改善凸缘部分的润滑条件,减小凹模表面的粗糙度值,选用 σ_s/σ_b 比值小、n 值和 r 值大的材料等。

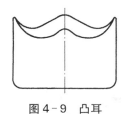

图4-9　凸耳

三、凸耳

筒形件拉深时,在拉深件口端出现有规律的高低不平现象称为凸耳,如图 4-9 所示。产生凸耳的原因是板材的各向异性。板平面方向性系数 Δr 越大,凸耳现象越严重。

第三节　圆筒形件拉深的工艺计算

一、毛坯尺寸计算

1. 拉深件毛坯尺寸计算的原则

1）面积相等原则　由于拉深前和拉深后材料的体积不变,对于不变薄拉深,假设材料厚

度拉深前后不变,拉深毛坯的尺寸按"拉深前毛坯表面积等于拉深后制件表面积"的原则来确定(毛坯尺寸确定还可按等体积、等重量原则)。

2) 形状相似原则　拉深毛坯的形状一般与拉深件的横截面形状相似。即制件的横截面是圆形、椭圆形时,其拉深前毛坯展开形状也基本上是圆形或椭圆形。对于异形件拉深,其毛坯的周边轮廓必须采用光滑曲线连接,应无急剧的转折和尖角。

拉深件毛坯形状的确定和尺寸计算是否正确,不仅直接影响生产过程,而且对冲制件生产有很大的经济意义,因为在冲制件的总成本中,材料费用一般占到 60% 以上。

由于拉深材料厚度有公差、板料具有各向异性、模具间隙和摩擦阻力的不一致以及毛坯的定位不准确等原因,拉深后制件的口部将出现凸耳。为了得到口部平齐、高度一致的拉深件,需要拉深后将不平齐的部分切去。所以在计算毛坯之前,应先在拉深件上增加切边余量(表 4-1、表 4-2)。

表 4-1　筒形件的切边余量 Δh　　　　　　　　　　(mm)

制件高度 h	制件的相对高度 h/d				附图
	$>0.5\sim0.8$	$>0.8\sim1.6$	$>1.6\sim2.5$	$>2.5\sim4$	
$\leqslant10$	1.0	1.2	1.5	2	
$>10\sim20$	1.2	1.6	2	2.5	
$>20\sim50$	2	2.5	3.3	4	
$>50\sim100$	3	3.8	5	6	
$>100\sim150$	4	5	6.5	8	
$>150\sim200$	5	6.2	8	10	
$>200\sim250$	6	7.5	9	11	
>250	7	8.5	10	12	

表 4-2　有凸缘拉深件的切边余量 Δd　　　　　　　(mm)

凸缘直径 d_t	凸缘的相对直径 d_t/d				附图
	1.5 以下	$>1.5\sim2$	$>2\sim2.5$	>2.5	
$\leqslant25$	1.8	1.6	1.4	1.2	
$>25\sim50$	2.5	2.0	1.8	1.6	
$>50\sim100$	3.5	3.0	2.5	2.2	
$>100\sim150$	4.3	3.6	3.0	2.5	
$>150\sim200$	5.0	4.2	3.5	2.7	
$>200\sim250$	5.5	4.6	3.8	2.8	
>250	6	5	4	3	

2. 简单形状的旋转体拉深制件毛坯尺寸的确定(图 4 - 10)

对于简单形状的旋转体拉深制件,求其毛坯尺寸时,一般可将拉深制件分解为若干简单的几何体,分别求出它们的表面积后再相加(含切边余量在内)。由于旋转体拉深制件的毛坯为圆形,根据面积相等原则,可计算出拉深制件的毛坯直径。即

圆筒直壁部分的表面积 $\qquad A_1 = \pi d(H - r)$ (4 - 3)

圆角球台部分的表面积

$$A_2 = \frac{\pi}{4}\left[2\pi r(d - 2r) + 8r^2\right] \tag{4 - 4}$$

底部表面积 $\qquad A_3 = \frac{\pi}{4}(d - 2r)^2$ (4 - 5)

制件的总面积 $\qquad \frac{\pi}{4}D^2 = A_1 + A_2 + A_3 = \sum A_i$

则毛坯直径 $\qquad D = \sqrt{\dfrac{4}{\pi}\sum A_i}$ (4 - 6)

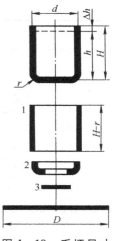

图 4 - 10 毛坯尺寸的确定

$$D = \sqrt{(d - 2r)^2 + 4d(H - r) + 2\pi r(d - 2r) + 8r^2} \tag{4 - 7}$$

式中,D 为毛坯直径(mm);$\sum A_i$ 为拉深制件各分解部分表面积的代数和(mm²)。

对于各种简单形状的旋转体拉深件毛坯直径 D,可以直接按表 4 - 3 所列公式计算。其他形状的旋转体拉深件毛坯尺寸的计算可查阅有关设计资料。

表 4 - 3 常用旋转体拉深件毛坯直径 D 计算公式

序号	制件形状	坯料直径 D
1		$\sqrt{d_1^2 + 4d_2h + 6.28rd_1 + 8r^2}$ 或 $\sqrt{d_2^2 + 4d_2H - 1.72rd_2 - 0.56r^2}$
2		当 $r \neq R$ 时, $\sqrt{d_1^2 + 6.28rd_1 + 8r^2 + 4d_2h + 6.28Rd_2 + 4.56R^2 + d_4^2 - d_3^2}$; 当 $r = R$ 时, $\sqrt{d_4^2 + 4d_2H - 3.44rd_2}$
3		$\sqrt{d_1^2 + 2r(\pi d_1 + 4r)}$
4		$\sqrt{2d^2} = 1.414d$

序号	零件形状	坯料直径 D
5		$\sqrt{8rh}$ 或 $\sqrt{s+4h}$
6		$\sqrt{d_1^2 + 2l(d_1 + d_2)}$

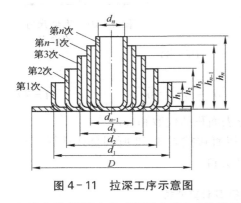

图 4-11 拉深工序示意图

二、拉深系数和拉深次数确定

在拉深工艺设计时,必须知道拉深件能一次拉出,还是需要几道工序才能拉成。正确解决这个问题,直接关系到拉深工作的经济性和拉深件的质量。拉深次数决定于每次拉深时允许的极限变形程度。拉深系数 m 就是衡量拉深变形程度的一个重要的工艺参数。

1. 拉深系数的概念

拉深系数 m 是指每次拉深后筒形件直径与拉深前毛坯(或半成品)直径的比值(图 4-11)。

各次的拉深系数为

$$m_1 = d_1/D, \ m_2 = d_2/d_1$$
$$\cdots\cdots$$
$$m_{n-1} = d_{n-1}/d_{n-2}$$
$$m_n = d_n/d_{n-1} \tag{4-8}$$

总拉深系数 $m_{总}$ 表示从毛坯 D 拉深至 d_n 的总变形程度,即

$$m_{总} = \frac{d_n}{D} = \frac{d_1 d_2}{D d_1} \cdot \cdots \cdot \frac{d_{n-1} d_n}{d_{n-2} d_{n-1}} = m_1 m_2 \cdot \cdots \cdot m_{n-1} m_n \tag{4-9}$$

所以总拉深系数为各次拉深系数的乘积。从拉深系数的表达式可以看出,拉深系数的数值小于 1,而且 m 值愈小,表示拉深变形程度愈大,所需要的拉深次数也愈少。从降低生产成本的角度,希望拉深次数越少越好,即采用较小的拉深系数。但根据前述力学分析知,拉深系数的减少有一个限度,这个限度称为极限拉深系数 $[m]$ 或 $m_{\min}$。超过这一限度,会使变形区的危险断面产生破裂。因此,每次拉深选择使拉深件不破裂的最小拉深系数,才能保证拉深工艺的顺利实现。

2. 影响极限拉深系数的因素

总的说来,凡是能够使筒壁传力区的最大拉应力减小、使危险断面强度增加的因素,都

有利于减小极限拉深系数,具体如下:

1) 材料方面

(1) 材料的力学性能。材料的屈强比 σ_s/σ_b 愈小,材料的伸长率 δ 愈大,对拉深愈有利。因为 σ_s 小,材料容易变形,凸缘变形区的变形抗力减小,筒壁传力区的拉应力也相应减小;而 σ_b 大,则提高了危险断面处的强度,减少破裂的危险。所以 σ_s/σ_b 愈小,愈能减小极限拉深系数。材料伸长率 δ 值大的材料,说明材料在变形时不易出现拉伸缩颈,因而危险断面的严重变薄和拉断现象也相应推迟。一般认为 $\sigma_s/\sigma_b \leqslant 0.65$,而 $\delta \geqslant 28\%$ 的材料具有较好的拉深性能。此外,材料的厚向系数 r 值对极限拉深系数也有显著的影响。r 值越大,说明板料在厚度方向变形困难,危险断面不易变薄、拉断,因而对拉深有利,拉深系数可以减小。

(2) 毛坯的相对厚度 t/D。t/D 愈大,拉深时抵抗失稳起皱的能力愈大,因而可以减小压边力,减少摩擦阻力,有利于减小极限拉深系数。

(3) 材料的表面质量。材料的表面光滑,拉深时摩擦力小而容易流动,所以极限拉深系数可减小。

2) 模具方面

(1) 模具工作部分的结构参数。这主要是指凸、凹模圆角半径 $R_凸$、$R_凹$ 与凸、凹模间隙 Z。总的来说,采用过小的 $R_凸$、$R_凹$ 与 Z,会使拉深过程中摩擦阻力与弯曲阻力增加,危险断面的变薄加剧,而过大的 $R_凸$、$R_凹$ 与 Z,则会减小有效的压边面积,使板料的悬空部分增加,易于使板料失稳起皱,所以都对拉深不利,采用合适的 $R_凸$、$R_凹$ 和 Z,可以减小拉深系数。

(2) 凹模表面粗糙度。凹模工作表面(尤其是圆角)光滑,可以减小摩擦阻力和改善金属的流动情况,可选择较小的极限拉深系数值。

(3) 凹模形状。如图 4-12 所示的锥形凹模,因其支撑材料变形区的面是锥形而不是平面,防皱效果好,可减小材料流过凹模圆角时的摩擦阻力和弯曲变形力,因而极限拉深系数降低。

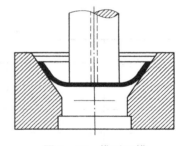

图 4-12　锥形凹模

3) 拉深条件方面

(1) 压边条件。采用压边圈并加以合理的压边力对拉深有利,可以减小极限拉深系数。压边力过大,会增加拉深阻力;压边力过小,在拉深时不足以防止起皱,都对拉深不利。合理的压边力应该是在保证不起皱的前提下取最小值。

(2) 拉深次数。第一次拉深时材料还没有硬化,塑性好,极限拉深系数可小些。以后的拉深因材料已经硬化,塑性愈来愈低,变形越来越困难,故一道比一道的拉深系数大。

(3) 润滑情况。凹模(特别是圆角入口处)与压边圈的工作表面采用润滑剂,以减小板料在拉深过程中的摩擦阻力,减少传力区危险断面的负担,可以减小拉深系数。对于凸模工作表面,则不需要润滑,使拉深时在凸模工作表面与板料之间有较大的摩擦阻力,这有利于阻止危险断面的变薄,因而有利于减小拉深系数。

(4) 制件形状。制件的形状不同,则变形时应力与应变状态不同,极限变形量也就不同,因而极限拉深系数不同。

(5) 拉深速度。一般情况下,拉深速度对极限拉深系数的影响不太大,但对变形速度敏感的金属(如钛合金、不锈钢和耐热钢等),拉深速度大时,应选用较大的极限拉深系数。

3. 拉深系数的确定

生产上采用的极限拉深系数是考虑了各种具体条件后用试验方法求出的。通常 $m_1 =$ 0.46～0.60，以后各次的拉深系数在0.70～0.86之间。直壁圆筒形制件有压边圈和无压边圈时的拉深系数分别可查表4-4和表4-5。实际生产中采用的拉深系数一般均大于表中所列数字，因采用过小的接近于极限值的拉深系数，会使制件在凸模圆角部位过分变薄，在以后的拉深工序中这一变薄严重的缺陷会转移到制件侧壁上去，使制件质量降低。

表4-4　圆筒形件带压边圈的极限拉深系数

各次拉深系数	毛坯相对厚度 $t/D \times 100$					
	2～1.5	1.5～1.0	1.0～0.6	0.6～0.3	0.3～0.15	0.15～0.08
m_1	0.48～0.50	0.50～0.53	0.53～0.55	0.55～0.58	0.58～0.60	0.60～0.63
m_2	0.73～0.75	0.75～0.76	0.76～0.78	0.78～0.79	0.79～0.80	0.80～0.82
m_3	0.76～0.78	0.78～0.79	0.79～0.80	0.80～0.81	0.81～0.82	0.82～0.84
m_4	0.78～0.80	0.80～0.81	0.81～0.82	0.82～0.8	0.83～0.85	0.85～0.86
m_5	0.80～0.82	0.82～0.84	0.84～0.85	0.85～0.86	0.86～0.87	0.87～0.88

注:1. 表中拉深系数适用于08、10和15Mn等普通的拉深碳钢及黄铜H62；对拉深性能较差的材料，如20、25、Q215、Q235、硬铝等，应比表中数值大1.5%～2.0%；对塑性更好的，如05、08、10等深拉深钢及软铝，应比表中数值小1.5%～2.0%。

2. 表中数值适用于未经中间退火的拉深，若采用中间退火工序时，可取较表中数值小2%～3%。

3. 表中较小值适用于大的凹模圆角半径，$R_凹 = (8～15)t$；较大值适用于小的凹模圆角半径，$R_凹 = (4～8)t$。

表4-5　圆筒形件不用压边圈的极限拉深系数

拉深系数	毛坯的相对厚度 $t/D \times 100$				
	1.5	2.0	2.5	3.0	>3
m_1	0.65	0.60	0.55	0.53	0.50
m_2	0.80	0.75	0.75	0.75	0.70
m_3	0.84	0.80	0.80	0.80	0.75
m_4	0.87	0.84	0.84	0.84	0.78
m_5	0.90	0.87	0.87	0.87	0.82
m_6	—	0.90	0.90	0.90	0.85

注:此表适用于08、10及15Mn等材料，其他使用要求与表4-4相同。

4. 拉深次数的确定

判断拉深件能否一次拉深成形，仅需比较所需总的拉深系数 $m_总$ 与第一次允许的极限拉深系数 m_1 的大小即可。当 $m_总 > m_1$ 时，则该制件可一次拉深成形，否则需要多次拉深。表4-6为拉深相对高度 H/d 与拉深次数的关系。

表 4-6　拉深相对高度 H/d 与拉深次数的关系(无凸缘圆筒形件)

相对高度 H/d　　　拉深次数	毛坯相对厚度 $t/D \times 100$					
	2～1.5	1.5～1.0	1.0～0.6	0.6～0.3	0.3～0.15	0.15～0.08
1	0.94～0.77	0.84～0.65	0.71～0.57	0.62～0.5	0.52～0.45	0.46～0.38
2	1.88～1.54	1.60～1.32	1.36～1.1	1.13～0.94	0.96～0.83	0.9～0.7
3	3.5～2.7	2.8～2.2	2.3～1.8	1.9～1.5	1.6～1.3	1.3～1.1
4	5.6～4.3	4.3～3.5	3.6～2.9	2.9～2.4	2.4～2.0	2.0～1.5
5	8.9～6.6	6.6～5.1	5.2～4.1	4.1～3.3	3.3～2.7	2.7～2.0

注:1. 本表适用于 08、10 等软钢。

2. 大的 h/d 值适用于第一道工序的大凹模圆角$[R_凹 = (8～15)t]$;小的 h/d 值适用于第一道工序的小凹模圆角$[R_凹 = (4～8)t]$。

三、筒形件各次拉深工序件尺寸确定

1. 工序件直径

从前面的内容可知,各次工序件直径可根据各次的拉深系数算出。即

$$d_1 = m_1 D,\ d_2 = m_2 d_1,\ d_3 = m_3 d_2,\ \cdots,\ d_n = m_n d_{n-1}$$

 小贴士

计算所得的最后一次拉深直径 d_n,必须等于制件直径 d。如果计算所得 d_n 小于制件直径 d,应调整各次拉深系数,使 $d_n = d$。调整时依照下列原则:变形程度逐次减小,即后继拉深系数逐次增大(应大于表 4-4 或表 4-5 所列数值)。

2. 工序件的拉深高度

在设计和制造拉深模具及选用合适的压力机时,还必须知道各次工序的拉深高度,因此,在工艺计算中应包括高度计算一项。在计算某工序拉深高度之前,应确定它的底部的圆角半径(即拉深凸模的圆角半径)。

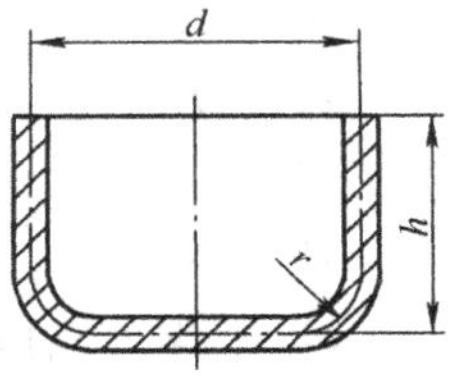

各次工序件的高度可根据各工序件的面积与毛坯面积相等的原则求得(图 4-13)。

图 4-13　筒形件高度

由式(4-7)可解得

$$h = 0.25\left(\frac{D^2}{d} - d\right) + 0.43\frac{r}{d}(d + 0.32r) \tag{4-10}$$

例 4-1　求图 4-14 所示筒形件的坯料展开尺寸、拉深次数和各次工序件尺寸。

解:按中线计算,$d = 90 - 2 = 88$ mm,$r = 2 + 1 = 3$ mm,$h = 200 - 1 = 199$ mm。

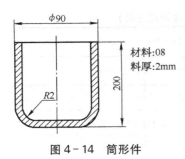

图 4-14 筒形件

材料:08
料厚:2mm

(1) 确定切边余量 Δh。根据 $h = 199$ mm，$h/d = 199/88 = 2.26$，通过查表 4-1，取 $\Delta h = 8$ mm，$H = 199 + 8 = 207$ mm。

(2) 计算毛坯直径。将 d、H、r 分别代入表 4-3 中计算公式，可得

$$D = \sqrt{d^2 + 4dH - 1.72rd - 0.56r^2} \approx 283 \text{ mm}$$

(3) 确定拉深次数。

① 判断能否一次拉出。由毛坯的相对厚度 $t/D \times 100 = 0.7$，从表 4-4 中查出各次的拉深系数：$m_1 = 0.54$、$m_2 = 0.77$、$m_3 = 0.80$、$m_4 = 0.82$，而该制件的总拉深系数 $m_总 = d/D = 88/283 = 0.31$。即 $m_总 < m_1$，故该制件需经多次拉深才能够达到所需尺寸。

② 确定拉深次数：

$$d_1 = m_1 D = 0.54 \times 283 \text{ mm} = 153 \text{ mm}$$
$$d_2 = m_2 d_1 = 0.77 \times 153 \text{ mm} = 117.8 \text{ mm}$$
$$d_3 = m_3 d_2 = 0.80 \times 117.8 \text{ mm} = 94.2 \text{ mm}$$
$$d_4 = m_4 d_3 = 0.82 \times 94.2 \text{ mm} = 77.2 \text{ mm} < 88 \text{ mm}$$

可知该制件要拉深 4 次才行。

(4) 确定工序件尺寸。

① 工序件直径确定。拉深次数确定后，再根据计算直径 d_4 应等于制件直径 d 的原则，对各次拉深系数和工序件直径进行调整，使实际采用的拉深系数大于各拉深次数时所用的极限拉深系数。并且设实际采用的拉深系数为 m_1'、m_2'、m_3'、$\cdots$、m_n'，应使各次拉深系数依次增加，即

$$m_1' < m_2' < m_3' < \cdots < m_n'$$

据此，本例实际所需拉深系数应调整为 $m_1' = 0.57$、$m_2' = 0.79$、$m_3' = 0.82$、$m_4' = 0.85$。调整后的各次拉深工序件直径如下：

第 4 次 $d_4 = 88$ mm，$m_4' = 88/104 = 0.85$

第 3 次 $d_3 = 104$ mm，$m_3' = 104/126 = 0.82$

第 2 次 $d_2 = 126$ mm，$m_2' = 126/160 = 0.79$

第 1 次 $d_1 = 160$ mm，$m_1' = 160/283 = 0.57$

② 工序件高度的确定。各次拉深直径确定后，紧接着是计算各次拉深后工序件的高度。计算高度前，应先定出各次工序件底部的圆角半径，现取 $r_1 = 12$、$r_2 = 8$、$r_3 = 5$。按式 (4-10)计算各次工序件高度，即

第 1 次 $h_1 = 90$ mm

第 2 次 $h_2 = 131$ mm

第 3 次 $h_3 = 169$ mm

第 4 次拉深即为制件的实际尺寸加上切边余量，不必计算。

(5) 画出各工序件图，如图 4-15 所示。

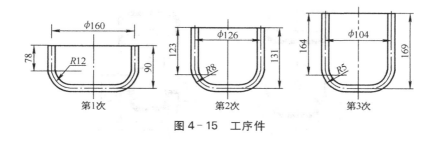

图 4 - 15　工序件

四、筒形件以后各次拉深的特点和方法

1. 以后各次拉深的特点

以后各次拉深时,所用毛坯与首次拉深时不同,它不是平板而是筒形件。因此它与首次拉深相比,有许多不同之处。

(1)首次拉深时,平板毛坯的厚度和力学性能都是均匀的,而以后各次拉深时,筒形件毛坯的壁厚与力学性能都不均匀。以后各次拉深时,不但板料已有加工硬化,而且毛坯的筒壁要经过两次弯曲才被凸模拉入凹模内,变形更为复杂,所以它的极限拉深系数要比首次拉深大得多,而且后一次都略大于前一次。

(2)首次拉深时,凸缘变形区是逐渐缩小的,而在以后各次拉深时,其变形区($d_{n-1}-d_n$)保持不变,只是在拉深终了以前,才逐渐缩小,所以在拉深过程中,拉深力的变化不一样。首次拉深时,拉深力的变化是变形抗力的增加与变形区域的减小这两个相反的因素互相消长的过程,因而在开始阶段较快达到最大拉深力,然后逐渐减小为零。而以后各次拉深时,其变形区保持不变,但材料的硬度与壁厚都是沿着高度方向而逐渐增加,所以其拉深力在整个拉深过程中一直都在增加(图 4 - 16),直到拉深的最后阶段才由最大值下降至零。

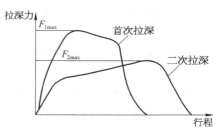

图 4 - 16　首次拉深与二次拉深时的拉深力变化曲线

(3)以后各次拉深时的危险断面与首次拉深时一样,都是在凸模圆角稍上处,但首次拉深时最大拉深力发生在初始阶段,所以破裂也发生在拉深的初始阶段;而以后各次拉深的最大拉深力发生在拉深的最后阶段,所以破裂就往往出现在拉深的末尾。

(4)以后各次拉深的变形区,因其外缘有筒壁刚性支持,所以稳定性较首次拉深为好,不易起皱。只是在拉深的最后阶段,筒壁边缘进入变形区后,变形区的外缘失去了刚性支持才有起皱的可能。

2. 以后各次拉深的方法

以后各次拉深可以有两种方法:正拉深与反拉深(图 4 - 17)。

正拉深的拉深方向与上一次拉深方向一致,为一般常用的拉深方法。反拉深的拉深方向与上一次拉深方向相反,制件的内外表面相互转换。反拉深与正拉深相比较有如下特点:

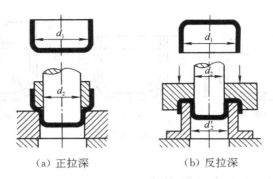

（a）正拉深   （b）反拉深

图 4-17 正拉深与反拉深

（1）反拉深时，材料的流动方向与正拉深相反，有利于相互抵消拉深时形成的残余应力。

（2）反拉深时，材料的弯曲与反弯曲次数较少，加工硬化也少，有利于成形。当正拉深时，位于压边圈圆角部的材料，流向凹模圆角处，内圆弧成了外圆弧，而在反拉深时，位于内圆弧处的材料在流动过程中始终处于内圆弧地位。

（3）反拉深时，毛坯与凹模接触面比正拉深大，材料的流动阻力也大，材料不易起皱，因此一般反拉深可不用压边圈，这就避免了由于压边力不适当或压边力不均匀而造成的拉裂。

（4）反拉深时，其拉深力比正拉深力大 20% 左右。

（5）反拉深坯料内径 d_1 套在凹模外面，拉深后的制件内径 d_2 通过凹模内孔（图 4-17b），故凹模壁厚应为 $(d_1-d_2)/2$。反拉深的拉深系数不能太大，否则凹模壁厚过薄，强度不足。另外，凹模圆角半径不能大于 $(d_1-d_2)/4$。

反拉深方法主要用于板料较薄的大件和中等尺寸制件的拉深。反拉深后圆筒的最小直径 $d_2=(30\sim90)t$，圆角半径 $r>(2\sim6)t$。图 4-18 所示为一些典型的反拉深制件。

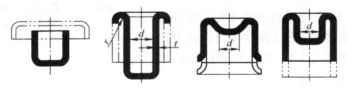

图 4-18 典型反拉深制件举例

五、拉深力与压边力的确定

1. 拉深力计算

对于筒形件有压边圈拉深时，在实用上，拉深力 F(N) 可按下式计算：

$$F = K\pi dt\sigma_b \qquad (4-11)$$

式中，d 为拉深件直径（mm）。t 为料厚（mm）。σ_b 为材料强度极限（MPa）。K 为修正系数，与拉深系数 m 有关；m 愈小，K 愈大。

K 值见表 4-7。首次拉深时用 K_1 计算，以后各次拉深时用 K_2 计算。

表 4-7　修正系数 K 的数值

m_1	0.55	0.57	0.60	0.62	0.65	0.67	0.70	0.72	0.75	0.77	0.80
K_1	1.00	0.93	0.86	0.79	0.72	0.66	0.60	0.55	0.50	0.45	0.40
m_n	0.70	0.72	0.75	0.77	0.80	0.85	0.90	0.95			
K_2	1.00	0.95	0.90	0.85	0.80	0.70	0.60	0.50			

2. 压边力计算

为了解决拉深中的起皱问题,当前在生产实际中主要采用压边圈。压边圈只是防止拉深起皱的一种模具结构或形式,关键应该控制压边力的大小。压边力应该是在保证坯料凸缘部分不至于会起皱的最小压力。如果压边力过大,则使变形区坯料与凹模、压边圈之间的摩擦力剧增,可能导致制件的过早拉裂;如果压边力太小,则起不到防皱的作用或作用很小,仍然不可能实现成功的拉深。压边力 $F_{压}$(N)的大小可按下式求出:

$$F_{压} = Ap \tag{4-12}$$

式中,A 为压边面积(mm^2);p 为单位面积上的压边力(MPa),其值可由表 4-8 查取。

表 4-8　单位压边力 p

材料名称		单位压边力(MPa)
铝		0.8～1.2
纯铜、硬铝(已退火的)		1.2～1.8
黄铜		1.5～2.0
低碳钢	$t < 0.5\ \text{mm}$	2.5～3.0
	$t > 0.5\ \text{mm}$	2.0～2.5
镀锡钢板		2.5～3.0
耐热钢(软化状态)		2.8～3.5
高合金钢、高锰钢、不锈钢		3.0～4.5

对于筒形件,则第一次拉深时的压边面积为

$$A_1 = \frac{\pi}{4}\left[D^2 - (d_1 + 2R_凹)^2 \right] \tag{4-13}$$

以后各次拉深时的压边面积为

$$A_n = \frac{\pi}{4}\left[d_{n-1}^2 - (d_n + 2R_凹)^2 \right] \tag{4-14}$$

3. 压力机公称压力的选择

采用单动压力机拉深时,压边力与拉深力是同时产生的(压边力由弹性装置产生),所以计算总拉深力 $F_总$ 时应包括压边力在内,即

$$F_总 = F + F_{压} \tag{4-15}$$

小贴士

　　在选择压力机的吨位时应注意：当拉深行程较大，特别是采用落料拉深复合模时，不能简单地将落料力与拉深力叠加去选择压力机吨位。因为压力机的公称压力是指滑块在接近下止点时的压力，所以要注意压力机的压力曲线。否则很可能由于过早地出现最大冲压力而使压力机超载损坏（图4-19）。

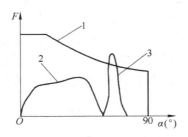

图4-19　冲压力与压力机的压力曲线

1—压力机的压力曲线；2—拉深力曲线；3—落料力曲线

　　为了选用方便，一般可作概略估算：浅拉深时，总冲压力不超过压力机公称压力的70%～80%；深拉深时，总冲压力不超过压力机公称压力的50%～60%。

第四节　拉深模典型结构

　　根据拉深工作情况及使用设备的不同，拉深模的结构也不同。拉深工作可在一般的单动压力机上进行，也可在双动、三动压力机以及特种设备上进行。在单动压力机上工作的拉深模，可分为首次拉深用拉深模及以后各次拉深用拉深模。按照拉深方向，可分为正装拉深模和倒装拉深模。拉深模具又可分为带压边装置与不带压边装置。

一、首次拉深模

1. 不带压边装置的简单拉深模

　　如图4-20所示，模具没有压边装置，因此适用于拉深变形程度不大、相对厚度（t/D）较大的制件。毛坯在定位板2上定位。模具没有专门的卸件装置，靠制件口部拉深后弹性恢复张开，在凸模上行时被凹模下底面刮落。为使制件在拉深后不至于紧贴在凸模上难以取下，在拉深凸模3上开有通气孔。

2. 带压边装置的拉深模

　　如图4-21所示为压边圈装在上模部分的正装拉深模。由于弹性元件装在上模，因此凸模要比较长，适宜于拉深深度不大的制件。

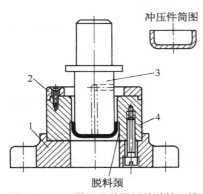

冲压件简图

脱料颈

图4-20　不带压边装置的简单拉深模

1—下模座；2—定位板；3—凸模；4—凹模

如图 4-22 所示为压边圈装在下模部分的倒装拉深模。由于弹性元件装在下模座下压力机工作台面的孔中,因此空间较大,允许弹性元件有较大的压缩行程,可以拉深深度较大一些的拉深件。这副模具采用了锥形压边圈 4。采用这种结构,有利于拉深变形,所以可以降低极限拉深系数。

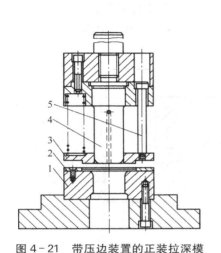 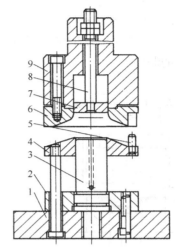

图 4-21　带压边装置的正装拉深模

1—拉深凹模;2—定位板;3—压边圈;4—拉深凸模;5—压边螺钉

图 4-22　带锥形压边圈的倒装拉深模

1—下模座;2—凸模固定板;3—拉深凸模;4—锥形压边圈;5—限位柱;6—锥形凹模;7—顶件板;8—顶杆;9—上模座

3. 压边装置

理想的压边装置要能按拉深过程中起皱趋势的变化规律施以与此相适应的可变化的压边力,但这在实际使用中是十分困难的。目前在生产实际中常用的压边装置有以下两大类:

1) 弹性压边装置　这种装置多用于普通的单动压力机上,通常有三种结构,如图 4-23 所示。

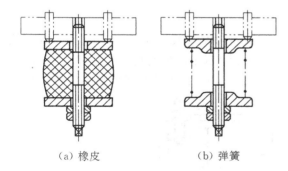

（a）橡皮　　　　（b）弹簧　　　　（c）气垫

图 4-23　弹性压边装置

这三种压边装置压边力随压边行程的变化曲线如图 4-24 所示。

随着拉深深度的增加,凸缘变形区的材料不断减少,需要的压边力也逐渐减小。而橡皮与弹簧压边装置所产生的压边力恰与此相反,随着拉深深度增加而始终增加,尤以橡皮压边装置更为严重。这种工作情况使拉深力增加,从而导致制件拉

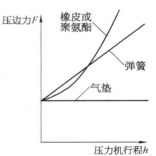

图 4-24　压边力随压力机行程的变化关系

裂,因此橡皮及弹簧结构通常只适用于浅拉深。气垫式压边装置的压边效果比较好,但其结构、制造、使用与维修都比较复杂一些。

2) 刚性压边装置　这种装置常用于双动压力机上,如图4-25所示。刚性压边圈的压边作用,并不是靠直接调整压边力来保证的。由于在拉深过程中毛坯凸缘部分有增厚现象,所以调整模具时 c 应略大于板厚 t。用刚性压边,压边力不随行程变化,拉深效果较好,且模具结构简单。图4-26即为带刚性压边装置的拉深模。采用带刚性压边装置的拉深模,可以拉深高度较大的制件。

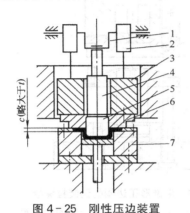

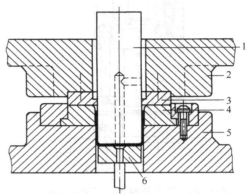

图4-25　刚性压边装置

1—曲轴;2—凸轮;3—外滑块;4—内滑块;5—凸模;6—压边圈;7—凹模

图4-26　双动压力机上使用的首次拉深模

1—凸模;2—上模座;3—压边圈;4—凹模;5—下模座;6—顶件块

二、以后各次拉深模

对于以后各工序的拉深,毛坯已不是平板形状,而是壳体的半成品。因此,其拉深模具必须考虑坯件的正确定位,同时还应该便于操作。

1. 不带压边装置的以后各次拉深模(图4-27)

本模具采用锥形模口的凹模结构,凹模 6 的锥面角度一般为 $30°\sim45°$,起到拉深时增强变形区的稳定的作用。拉深毛坯用定位板 5 的内孔定位(定位板的孔与坯件有 0.1 mm 左右的间隙)。拉深制件从下模板和压力机台面的孔漏下。该模具用于直径缩小较少的拉深或整形等。

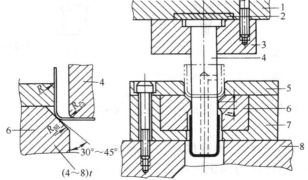

图4-27　不带压边装置的以后各次拉深模

1—上模座;2—垫板;3—凸模固定板;4—凸模;5—定位板;6—凹模;7—凹模固定板;8—下模座

2. 带压边装置的以后各次拉深模（图 4 - 28）

本模具为带压边圈的倒装结构，这是最常见的结构形式。压边圈兼起毛坯定位作用，拉深前，毛坯套在压边圈 4 上，所以压边圈的形状必须与上一次拉出的半成品相适应。拉深后，压边圈将冲压件从凸模 3 上脱出，顶件板 1 将冲压件从凹模 2 中顶出。

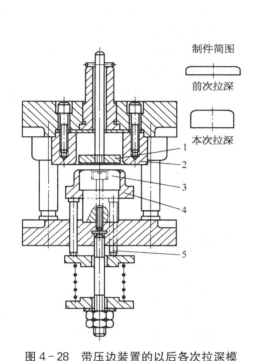

图 4 - 28　带压边装置的以后各次拉深模

1—顶件板；2—拉深凹模；3—拉深凸模；4—压边圈；5—顶杆

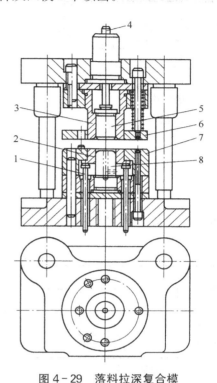

图 4 - 29　落料拉深复合模

1—顶杆；2—压边圈；3—凸凹模；4—打件棒；5—顶件板；6—卸料板；7—落料凹模；8—拉深凸模

三、落料拉深复合模

图 4 - 29 为一副典型的落料拉深复合模。上模部分装有凸凹模 3（落料凸模、拉深凹模），下模部分装有落料凹模 7 与拉深凸模 8。从图中可以看出，拉深凸模 8 低于落料凹模 7，所以在冲压时能保证先落料再拉深，压边圈 2 兼起压边和卸料作用。

第五节　拉深模工作部分结构参数的确定

一、拉深凹模和凸模的圆角半径

1. 凹模圆角半径 $R_凹$（图 4 - 30）

拉深时，平板毛坯是经过凹模圆角流入洞口形成制件的筒壁。当 $R_凹$ 较小时，材料经过凹模圆角部分其变形阻力大，引起摩擦力增加，结果使拉深变形抗力增加，拉深力增大还容

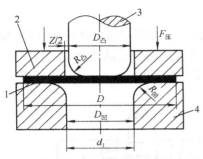

图 4-30 带压边圈拉深模工作部分的结构

1—毛坯；2—压边圈；3—拉深凸模；4—拉深凹模；

易使危险断面材料严重变薄甚至于破裂，在这种情况下，材料变形受限制，必须采用较大的拉深系数。较小的 $R_凹$ 还会使拉深件表面刮伤，结果使制件的表面质量受损。另外，$R_凹$ 小时，材料对凹模的压力增加，模具磨损加剧，使模具的寿命降低。

$R_凹$ 太大时，毛坯变形区与凹模表面的接触面积减小。在拉深后期毛坯外缘过早脱离压边作用而起皱，使拉深件质量不好，在侧壁下部和口部形成皱褶。在生产上一般应尽量避免采用过小的凹模圆角半径，在保证制件质量的前提下尽量取较大的 $R_凹$ 值，以满足模具寿命的要求。通常可按下列经验公式计算：

$$R_{凹 1} = 0.8 \sqrt{(D - d_1)t} \tag{4-16}$$

$$R_{凹 n} = (0.6 \sim 0.8) R_{凹(n-1)} \geqslant 2t \tag{4-17}$$

首次拉深时，凹模圆角也可以按表 4-9 选取。

表 4-9 首次拉深凹模圆角半径

拉深件	板料厚度 t (mm)				
	≥2.0~1.5	<1.5~1.0	<1.0~0.6	<0.6~0.3	<0.3~0.1
无凸缘	$(4 \sim 7)t$	$(5 \sim 8)t$	$(6 \sim 9)t$	$(7 \sim 10)t$	$(8 \sim 13)t$
有凸缘	$(6 \sim 10)t$	$(8 \sim 13)t$	$(10 \sim 16)t$	$(12 \sim 18)t$	$(15 \sim 22)t$

注：当材料拉深性能好，且有良好润滑时，可适当减小。

2. 凸模圆角半径 $R_凸$

$R_凸$ 对拉深工作的影响不像 $R_凹$ 那样显著。但是过小的 $R_凸$ 会降低筒壁传力区危险断面的有效抗拉强度。在多工序拉深时，后续工序压边圈的圆角半径等于前道工序的凸模圆角半径，所以当 $R_凸$ 过小时，在后续的拉深工序里毛坯沿压边圈的滑动阻力也会增大，这对拉深是不利的。如果 $R_凸$ 过大，会使在拉深初始阶段不与模具表面接触的毛坯宽度加大，因而这部分毛坯容易起皱（称此为内皱）。

凸模圆角半径 $R_凸$，除最后一次应取与制件底部圆角半径相等的数值外，中间各次可以取和 $R_凹$ 相等或略小一些的数值，并且各次拉深凸模圆角半径 $R_凸$ 应逐次减小。即

$$R_凸 = (0.7 \sim 1.0) R_凹 \tag{4-18}$$

 小贴士

在实际设计工作中，拉深凸、凹模的圆角半径先选取比计算略小一点的数值，这样便于在试模调整时再逐渐加大，直到拉出合格制件时为止。

二、拉深模的间隙

拉深模的间隙是指单边间隙,即 $Z/2 = (D_凹 - D_凸)/2$(图 4-30)。间隙过小,增加摩擦阻力,使拉深件容易破裂,且易擦伤制件表面,降低模具寿命;间隙过大,则拉深时对毛坯的校直作用小,影响制件尺寸精度。因此,确定间隙的原则是既要考虑板料厚度的公差,又要考虑筒形件口部的增厚现象,根据拉深时是否采用压边圈和制件的尺寸精度要求合理确定。筒形件拉深时,间隙 $Z/2$ 可按下列方法确定:

(1)不用压边圈时,考虑起皱可能性,其间隙取

$$Z/2 = (1 \sim 1.1)t_{max} \qquad (4-19)$$

式中,$Z/2$ 为单边间隙值,末次拉深或精密拉深件取小值,中间拉深取大值;t_{max} 为材料厚度的上限值。

(2)用压边圈时,其间隙按表 4-10 选取。

表 4-10 有压边装置拉深时单边间隙值

总拉深次数	拉深工序	单边间隙 $Z/2$	总拉深次数	拉深工序	单边间隙 $Z/2$
1	第一次拉深	$(1 \sim 1.1)t$	4	第一、二次拉深 第三次拉深 第四次拉深	$1.2t$ $1.1t$ $(1 \sim 1.05)t$
2	第一次拉深 第二次拉深	$1.1t$ $(1 \sim 1.05)t$			
3	第一次拉深 第二次拉深 第三次拉深	$1.2t$ $1.1t$ $(1 \sim 1.05)t$	5	第一、二、三次拉深 第四次拉深 第五次拉深	$1.2t$ $1.1t$ $(1 \sim 1.05)t$

注:1. 材料厚度取材料允许偏差的中间值;
2. 当拉深精密制件时,对最末一次拉深间隙取 $Z/2 = t$。

(3)对于精度要求较高的拉深件,为了减小拉深后的回弹、降低制件的表面粗糙度,常采用负间隙拉深,其单边间隙值为 $Z/2 = (0.9 \sim 0.95)t$。

三、拉深凸模和凹模工作部分的尺寸及其制造公差

对于最后一道工序的拉深模,其凸模和凹模尺寸及其公差应按制件的要求确定。

当制件要求外形尺寸时(图 4-31a),以凹模尺寸为基准进行计算,即

凹模尺寸 $D_凹 = (D - 0.75\Delta)_0^{+\delta_凹}$ (4-20)

凸模尺寸 $D_凸 = (D - 0.75\Delta - Z)_{-\delta_凸}^0$ (4-21)

当制件要求内形尺寸时(图 4-31b),以凸模尺寸为基准进行计算,即

凸模尺寸 $d_凸 = (d + 0.4\Delta)_{-\delta_凸}^0$ (4-22)

凹模尺寸 $d_凹 = (d + 0.4\Delta + Z)_0^{+\delta_凹}$ (4-23)

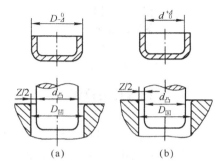

图 4-31 制件尺寸与模具尺寸

中间各道工序拉深模,由于其毛坯尺寸与公差没有必要予以严格限制,这时凸模和凹模尺寸只要取等于毛坯过渡尺寸即可。若以凹模为基准时,则

凹模尺寸 $$D_凹 = D^{+\delta_凹}_{0} \tag{4-24}$$

凸模尺寸 $$D_凸 = (D-Z)^{0}_{-\delta_凸} \tag{4-25}$$

凸模和凹模的制造公差 $\delta_凸$ 和 $\delta_凹$ 可按表 4-11 选取。

表 4-11　凸模制造公差 $\delta_凸$ 与凹模制造公差 $\delta_凹$ 　　　　(mm)

材料厚度 t	拉深件直径					
	≤20		20~100		>100	
	$\delta_凹$	$\delta_凸$	$\delta_凹$	$\delta_凸$	$\delta_凹$	$\delta_凸$
≤0.5	0.02	0.01	0.03	0.02	—	—
>0.5~1.5	0.04	0.02	0.05	0.03	0.08	0.05
>1.5	0.06	0.04	0.08	0.05	0.10	0.06

注:$\delta_凸$、$\delta_凹$ 在必要时可提高至 IT8~IT6 级。若制件公差在 IT13 级以下,则 $\delta_凸$、$\delta_凹$ 可以采用 IT10 级。

第六节　其他形状拉深件的拉深简介

本节仅介绍有凸缘圆筒形件和盒形件拉深。

一、有凸缘圆筒形件的拉深

有凸缘圆筒形件结构如图 4-32 所示。

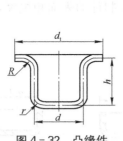

图 4-32　凸缘件

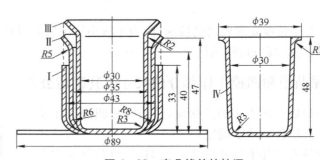

图 4-33　窄凸缘件的拉深

1. 窄凸缘件的拉深

$d_t/d = 1.1 \sim 1.4$ 之间的凸缘件,称为窄凸缘件。这类冲件因凸缘很小,可以当作一般圆筒形件进行拉深,只在倒数第二次工序时才拉出凸缘或拉成具有锥形的凸缘,而最后通过校正工序压成水平凸缘,其过程如图 4-33 所示。若 $h/d < 1$,则第一次即可拉成口部具有锥形凸缘的圆筒形,最后凸缘再经校正即可。

2. 宽凸缘件的拉深

$d_t/d > 1.4$ 的凸缘件,称为宽凸缘件。宽凸缘件的第一次拉深与拉深圆筒形件相似,只

是在拉深过程中不把坯料边缘全部拉入凹模,而在凹模面上形成凸缘而已。

宽凸缘件允许的第一次极限拉深系数 m_1 一般比相同内径圆筒形件的拉深系数 m_1 要小。换句话说,其坯料直径可以大一些。这是因为:一般宽凸缘制件拉深时,由于凸缘部分并未全部转变为筒壁,即当凸缘区的变形力还未达到最大拉深力时,拉深工作就中止了。

宽凸缘件的变形程度 m 受 d_t/d、h/d 及 r/d 的影响,特别是 d_t/d 的影响较大。从表4-12可以看出,当坯料相对直径 t/D 一定时,若凸缘相对直径 d_t/d 越大,拉深系数 m_1 越小。

表4-12　凸缘件的第一次拉深系数 m_1(适用于08、10钢)

凸缘相对直径 $\dfrac{d_t}{d}$	坯料相对厚度 $(t/D)\times100$				
	>0.06~0.2	>0.2~0.5	>0.5~1	>1~1.5	>1.5
~1.1	0.59	0.57	0.55	0.53	0.50
>1.1~1.3	0.55	0.54	0.53	0.51	0.49
>1.3~1.5	0.52	0.51	0.50	0.49	0.47
>1.5~1.8	0.48	0.48	0.47	0.46	0.45
>1.8~2.0	0.45	0.45	0.44	0.43	0.42
>2.0~2.2	0.42	0.42	0.42	0.41	0.40
>2.2~2.5	0.38	0.38	0.38	0.38	0.37
>2.5~5.8	0.35	0.35	0.34	0.34	0.33
>2.8~3.0	0.33	0.33	0.32	0.32	0.31

另外,对于一定的凸缘件来讲,总的拉深系数 m 一定时,则 d_t/d 与 h/d 之间的关系也一定,因此也常用 h/d 来表示凸缘件的变形程度,其关系见表4-13。

表4-13　凸缘件第一次拉深的最大相对高度 h/d(适用于08、10钢)

凸缘相对直径 $\dfrac{d_t}{d}$	坯料相对厚度 $(t/D)\times100$				
	>0.06~0.2	>0.2~0.5	>0.5~1	>1~1.5	>1.5
~1.1	0.45~0.52	0.50~0.62	0.57~0.70	0.60~0.80	0.75~0.90
>1.1~1.3	0.40~0.47	0.45~0.53	0.50~0.60	0.56~0.72	0.65~0.80
>1.3~1.5	0.35~0.42	0.40~0.48	0.45~0.53	0.50~0.63	0.58~0.70
>1.5~1.8	0.29~0.35	0.34~0.39	0.37~0.44	0.42~0.53	0.48~0.58
>1.8~2.0	0.25~0.30	0.29~0.34	0.32~0.38	0.36~0.46	0.42~0.51
>2.0~2.2	0.22~0.26	0.25~0.29	0.27~0.33	0.31~0.40	0.35~0.45
>2.2~2.5	0.17~0.21	0.20~0.23	0.22~0.27	0.25~0.32	0.28~0.35
>2.5~2.8	0.13~0.16	0.15~0.18	0.17~0.21	0.19~0.24	0.22~0.27
>2.8~3.0	0.10~0.13	0.12~0.15	0.14~0.17	0.16~0.20	0.18~0.22

宽凸缘件的拉深原则是:若按制件所给的拉深系数 m 大于表4-12所给的第一次拉深

系数极限值,制件的相对高度 h/d 小于表 4 - 13 所给的数值,则该制件可一次拉成。反之,需要多次拉深。除第一次外,以后各次的拉深本质上与拉深圆筒形件是一样的。多次拉深的方法是:按表 4 - 12 所给的第一次极限拉深系数或表 4 - 13 所给的相对拉深高度拉成凸缘直径等于制件所需要的尺寸 d_t(含切边余量)的中间过渡形状,以后各次拉深均保持凸缘件直径 d_t 不变,只按表 4 - 14 中的拉深系数逐步减小筒形部分直径,直到拉成为止。

表 4 - 14 凸缘件以后各次的拉深系数(适用于 08、10 钢)

拉深系数 m	坯料的相对厚度$(t/D)\times100$				
	2.0～1.5	1.5～1.0	1.0～0.6	0.6～0.3	0.3～0.15
m_2	0.73	0.75	0.76	0.78	0.80
m_3	0.75	0.78	0.79	0.80	0.82
m_4	0.78	0.80	0.82	0.83	0.84
m_5	0.80	0.82	0.84	0.85	0.86

凸缘件多次拉深工艺过程通常有两种:对于中小型制件($d_t<200$ mm),通常靠减小筒形部分直径、增加高度来达到,这时圆角半径 r 及 R 在整个变形过程中基本保持不变,如图 4 - 34a 所示;对于大件($d_t>200$ mm),通常采用改变圆角半径 r 及 R,逐渐缩小筒形部分的直径来达到,制件高度基本上一开始即已形成,而在整个过程中基本保持不变,如图 4 - 34b 所示。此法对厚料更为合适,一般也可以有以上两种情况结合的拉深工艺。用第二种方法(图 4 - 34b)制成的拉深件表面光滑平整,而且厚度均匀,不存在中间拉深工序中圆角部分的弯曲与局部变薄的痕迹。但是,这种方法只能用于坯料相对厚度较大的时候。因为这时在第一次拉深成大圆角的曲面形状时不致起皱。当坯料的相对厚度较小,而且第一次拉深成曲面形状具有起皱危险时,则应采用如图 4 - 34a 所示的方法。用这种方法制成的冲件,表面质量较差,容易在直壁部分和凸缘上残留有中间工序中形成的圆角部分弯曲和厚度的局部变化的

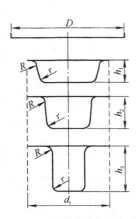
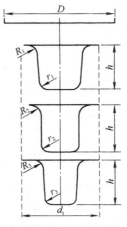

(a) r、R 不变:缩小直径增加高度　　　(b) 高度不变:减小 r、R 而缩小直径

图 4 - 34 凸缘件拉深

痕迹,所以最后要加一次需力较大的整形工序。当制件的底部圆角半径较小,或者当对凸缘有平面度要求时,上述两种方法都需要一次最终的整形工序。在拉深宽凸缘件中要特别注意的是:在形成凸缘直径 d_t 之后,在以后的拉深中,凸缘直径 d_t 不再变化,因为凸缘尺寸的微小变化(减小)都会引起很大的变形力,而使底部危险断面处拉裂。这就要求正确计算拉深高度和严格控制凸模进入凹模的深度。

小贴士

　　凸缘件拉深时,凸、凹模圆角半径的确定与普通圆筒形件一样。除了精确计算拉深件高度和严格控制凸模进入凹模的深度以外,为了保证以后各次拉深时凸缘不再收缩变形,通常使第一次拉成的筒形部分金属表面积比实际需要的多 3%~5%,这部分多余的金属逐步分配到以后各次工序中去,最后这部分金属逐渐使筒口附近凸缘加厚,但这不会影响制件质量。

二、盒形件拉深

　　盒形件属于非旋转体制件,与旋转体制件的拉深相比,盒形件拉深时,毛坯的变形分布要复杂得多。

1. 盒形件拉深变形特点

　　从盒形件的几何形状特点出发,可以把它划分为四个长度为 $(A-2r)$ 和 $(B-2r)$ 的直边部分和四个半径为 r 的圆角部分(图4-35)。圆角部分是四分之一圆柱表面。假设盒形件的直边部分和圆角部分之间没有联系,则可以把盒形件的拉深看作由直边部分的弯曲和圆角部分的拉深组成。但是,直边部分和圆角部分实际上是联系在一起的整体,在拉深过程中必然会产生相互作用和影响,这就导致了盒形件拉深时具有如下变形特点:

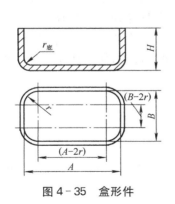

图4-35　盒形件

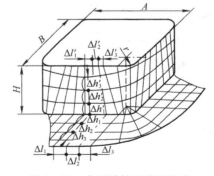

图4-36　盒形件拉深变形特点

　　(1)盒形件拉深时,其毛坯沿周边的变形程度是不均匀的。同样可以用网格法来观察盒形件拉深时的变形情况,如图4-36所示。在拉深变形之前,在毛坯表面上的圆角部分划成径向放射线与同心圆弧所组成的网格,而在直边部分划成由相互垂直的等距离平行线组成的网格。变形后,毛坯的圆角部分发生了与一般圆筒形件类似的径向伸长切向压缩的变形。与此同时,毛坯的直边部分也受到了圆角部分拉深变形的影响。变形前其径向尺寸为 $\Delta h_1 = \Delta h_2 = \Delta h_3$,而变形后成为 $\Delta h'_3 > \Delta h'_2 > \Delta h'_1 > \Delta h_1$;变形前切向尺寸为 $\Delta l_1 = \Delta l_2 = \Delta l_3$,而变形后成为 $\Delta l'_3 < \Delta l'_2 < \Delta l'_1 < \Delta l_1$。由此可见,盒形件在拉深时,其直边部分并不只是简单的弯曲变形。从网格的变化中还可以看出,切向压缩径向伸长的拉深变形沿整个盒形件的周边是不均匀的。在直边部分的中间部位上拉深变形最小,而在直边部分靠近圆角处的拉深变形就较大,在圆角部分的中间则拉深变形最大。变形在高度方向上分布也是不均匀的。在靠近底部位置上最小,在靠近上口的部位上最大。所以,盒形件拉深时,其拉深变形的程度沿周边、沿高度都是不均匀的,就这一点来说,它比筒形件的拉深更为复杂。

(2) 由于直边部分切向压缩变形的存在,使圆角部分的拉深变形程度和由变形而引起的硬化程度与相应的以直径为 $2r$、高度为 H 的圆筒形件相比均有所降低。所以,盒形件拉深时,其允许的变形程度与相应圆筒形件相比,可以有所提高。

(3) 直边部分对圆角部分的影响大小,决定于盒形件的形状:

① r/B(相对圆角半径)。比值 r/B 愈小(B 为盒形件的短边),也就是直边部分所占的比例大,则直边部分对圆角部分的变形影响愈显著。当 $r/B = 0.5$ 时,直边已不复存在,盒形件实际上已成为圆筒形件了,上述变形差别也就不再存在。

② H/B(相对高度)。比值 H/B 愈大,在同样的 r 下,圆角部分的拉深变形大(即多余三角形材料要挤出来的多),则直边部分也必定会多变形一些,所以直边部分对圆角部分的影响也就较大。

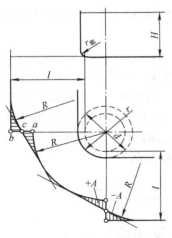

图 4-37　盒形件毛坯的作图法

上述这些变形特点,对于盒形件拉深时的毛坯形状和尺寸的确定、拉深次数的确定、拉深工序尺寸的确定以及拉深方法的确定,都具有很重要的影响。

2. 盒形件毛坯形状与尺寸的确定

盒形件毛坯确定的原则是面积相等。另外,直边部分按弯曲进行展开长度计算,圆角部分按拉深计算毛坯半径尺寸。图 4-37 所示为盒形件毛坯的作图法。由于盒形件拉深时周边的变形不均匀、直边部分塑性流动快、圆角部分塑性流动慢,因此应按面积相等的原则,把圆角部分毛坯半径进行适量缩小,从而对毛坯形状和尺寸进行修正,使毛坯轮廓形成光滑的曲线来确定毛坯形状和尺寸。

 **小贴士**

盒形件拉深时毛坯形状和尺寸的确定比较复杂,通常需要不断的修正,才最终确定。

第七节　拉深模具设计典型案例

本章典型案例制件名称:端盖(图4-38);生产批量:大批量;材料:08。

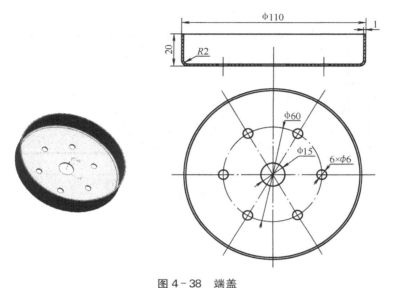

图4-38　端盖

一、制件的工艺性分析

该制件为底部带孔的圆筒形拉深件,拉深高度不高,厚度 t 为 1 mm,制件材料为08,拉深成形性能比较好,又由于产品批量较大,工序分散的单一工序生产不能满足生产需要,应考虑工序集中的工艺方法。经综合分析论证,采用落料、拉深、冲孔复合模,既能满足生产量的要求,又能保证产品质量和模具的合理性。

二、主要工艺参数计算

1. 毛坯尺寸计算

按制件厚度中心层计算, $h=19.5$ mm、 $d=109$ mm、 $r=2.5$ mm。

1)确定是否加切边余量　根据制件相对高度 $h/d=19.5/109=0.18<0.5$,可不考虑加切边余量。

2)计算毛坯直径　把 h、 d 和 r 的值带入公式 $D=\sqrt{d^2+4dh-1.72rd-0.56r^2}$,得到 $D\approx141$ mm。

3)确定是否需要压边圈　根据毛坯相对厚度 $(t/D)\times100=(1/141)\times100=0.71<1.5$,所以需要压边圈。

2. 确定拉深次数

根据毛坯相对厚度为0.71,从表4-4中查出各次的拉深系数: $m_1=0.53\sim0.55$,而该制件的总拉深系数 $m_总=d/D=109/141=0.77$,即 $m_总>m_1$,故该制件可一次拉深成形。

3. 排样及材料的利用率

根据制件的形状特征,采用单排排样,查表选择搭边 $a = a_1 = 1.5$ mm,送料进距 $A = D + a = 141 + 1.5 = 142.5$,条料宽度 $B = D + 2a = 141 + 2 \times 1.5 = 144$。排样设计结果如图 4 - 39 所示。

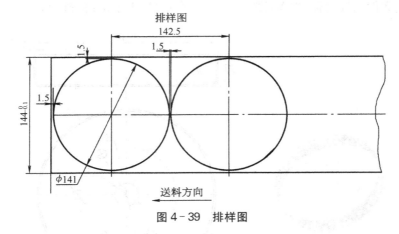

图 4 - 39 排样图

一个步距的材料利用率

$$\eta = \frac{\frac{1}{4} \pi D^2}{AB} \times 100\%$$

$$= \frac{3.14 \times 141^2}{4 \times 142.5 \times 144} \times 100\%$$

$$= 76\%$$

4. 计算冲压力

冲压力计算见表 4 - 15。

表 4 - 15 冲压力计算

类别	计算公式	结论
落料力	$P_落 = 1.3 \pi D \tau t = 1.3 \times 3.14 \times 141 \times 320 \times 1$ 　　 $= 184\ 179.84$ N ≈ 184.18 kN 式中　 τ —材料抗剪强度,08 钢 $\tau = 260 \sim 360$ MPa,取 $\tau = 320$ MPa	$P_落 = 184.18$ kN
卸料力	$P_卸 = K_卸\ P_落 = 0.04 \times 184.18 \approx 7.37$ kN	$P_卸 = 7.37$ kN
拉深力	$P_拉 = K \pi d t \sigma_b = 0.45 \times 3.14 \times 109 \times 1 \times 400 = 61\ 606.8$ N ≈ 61.6 kN 式中　 K —修正系数,$K = 0.45$ 　　　 σ_b —材料的强度极限,08 钢 $\sigma_b = 324 \sim 441$,取 $\sigma_b = 400$ MPa	$P_拉 = 61.6$ kN
压边力	$P_压 = \frac{\pi}{4} [D^2 - (d + 2r_d)^2] p = \frac{\pi}{4} \times [141^2 - (109 + 2 \times 6)^2] \times 2.5$ 　　 $= 10\ 283.5$ N ≈ 10.28 kN 式中　 r_d —凹模圆角半径,取 $r_d = 6$ mm; 　　　 p —单位压边力,$p = 2.5$ MPa	$P_压 = 10.28$ kN

续表

类别	计算公式	结论
冲孔力	$P_{冲}=P_1+6P_2=1.3\pi D_1 t\tau+6\times1.3\pi D_2 t\tau=1.3\pi t\tau(D_1+6\times D_2)$ $=1.3\times3.14\times1\times320\times(15+6\times6)=66\,618.24\ \text{N}\approx66.62\ \text{kN}$ 式中　D_1—制件孔直径,$D_1=15$ mm; 　　　D_2—制件孔直径,$D_2=6$ mm	$P_{冲}=66.62$ kN
推件力	$P_{推}=nK_{推}\ P_{冲}=3\times0.05\times66.62=9.99$ kN 式中　n—冲孔时卡在凹模内的废料数,$n=3$ 　　　$K_{推}$—推件力系数,$K_{推}=0.05$	$P_{推}=9.99$ kN
总冲压力为: $P_{总}=P_{落}+P_{卸}+P_{拉}+P_{压}+P_{冲}+P_{推}$ $=184.18+7.37+61.6+10.28+66.62+9.99$ $=340.04$ kN		$P_{总}=340.04$ kN

5. 冲压设备的选择

为使压力机能安全工作,取

$$p_{压机}\geqslant(1.6\sim1.8)p_{总}=1.7\times340.04=578.068\ \text{kN}$$

故选 630 kN 的开式压力机。

6. 模具零件主要工作部分尺寸计算

模具的落料凹模 5,落料拉深凸凹模 1,拉深冲孔凸凹模 4,冲孔凸模 2、3 工作部分的工作关系如图 4-40 所示。

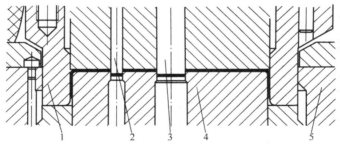

图 4-40　落料、拉深、冲孔复合模工作部分的工作关系

1—落料拉深凸凹模;2、3—冲孔凸模;4—拉深冲孔凸凹模;5—落料凹模

模具零件主要工作部分尺寸见表 4-16。

表 4-16　模具零件主要工作部分尺寸计算

1. 冲裁工序:制件尺寸精度查公差表均为 IT14 级,零件尺寸及公差见本表 　查设计手册 $x=0.5$, $Z_{max}=0.14$ mm, $Z_{min}=0.10$ mm, $Z_{max}-Z_{min}=0.04$;凸模制造精度采用 IT6 级,凹模制造精度采用 IT7 级 2. 拉深工序:制件未注公差,按 IT14 级,凸、凹模的制造精度采用 IT9 级;拉深单边间隙 $Z/2=1.1t$

冲压性质	制件尺寸	计算公式	凹模尺寸	凸模尺寸
落料	$\phi141^{\ 0}_{-0.1}$	查公差表得:$\delta_{凹}=0.04$ mm, $\delta_{凸}=0.025$ mm $\delta_{凹}+\delta_{凸}=0.04+0.025=0.065$ mm	$D_{凹}=140.40^{+0.024}_{\ \ 0}$	$D_{凸}=140.40^{\ \ 0}_{-0.016}$

冲压性质	制件尺寸	计算公式	凹模尺寸	凸模尺寸
落料	$\phi 141_{-0.1}^{0}$	$D_{凹} = (D - x\Delta)_{0}^{+\delta_{凹}} = (141 - 0.5 \times 0.1)_{0}^{+0.04} = 140.5_{0}^{+0.04}$ $D_{凸} = (D_{凹} - Z_{min})_{-\delta_{凸}}^{0} = (140.5 - 0.10)_{-0.025}^{0} = 140.40_{-0.025}^{0}$ 由于 $\delta_{凹} + \delta_{凸} > Z_{max} - Z_{min}$,不满足间隙公差条件,应缩小 $\delta_{凹}$、$\delta_{凸}$ 提高制造精度,才能保证间隙在合理范围。取 $\delta_{凸} = 0.4(Z_{max} - Z_{min}) = 0.016$ $\delta_{凹} = 0.6(Z_{max} - Z_{min}) = 0.024$ 故 $D_{凹} = 140.5_{0}^{+0.024}$,$D_{凸} = 140.40_{-0.016}^{0}$	$D_{凹} = 140.40_{0}^{+0.024}$	$D_{凸} = 140.40_{-0.016}^{0}$
冲孔	$\phi 6_{0}^{+0.3}$	查公差表得:$\delta_{凹} = 0.012$ mm,$\delta_{凸} = 0.008$ mm $d_{凸} = (d + x\Delta)_{-\delta_{凸}}^{0} = (6 + 0.5 \times 0.3)_{-0.008}^{0} = 6.15_{-0.008}^{0}$ mm $d_{凹} = (d_{凸} + Z_{min})_{0}^{+\delta_{凹}} = (6.15 + 0.1)_{0}^{+0.012} = 6.25_{0}^{+0.012}$ mm 因为 $\delta_{凹} + \delta_{凸} = 0.012 + 0.008 = 0.02$ mm $< Z_{max} - Z_{min} = 0.04$,校核结果满足间隙差要求,为降低制造成本,可按间隙差重新分配制造公差,得 $\delta_{凸} = 0.4(Z_{max} - Z_{min}) = 0.016$ $\delta_{凹} = 0.6(Z_{max} - Z_{min}) = 0.024$ 故 $d_{凸} = 6.15_{-0.016}^{0}$ mm,$d_{凹} = 6.25_{0}^{+0.024}$ mm	$d_{凹} = 6.25_{0}^{+0.024}$ mm	$d_{凸} = 6.15_{-0.016}^{0}$ mm
冲孔	$\phi 15_{0}^{+0.43}$	查表得制造公差 $\delta_{凸} = 0.011$,$\delta_{凹} = 0.018$ mm $d_{凸} = (d + x\Delta)_{-\delta_{凸}}^{0} = (15 + 0.5 \times 0.43)_{-0.011}^{0} = 15.22_{-0.011}^{0}$ mm $d_{凹} = (d_{凸} + Z_{min})_{0}^{+\delta_{凹}} = (15.22 + 0.1)_{0}^{+0.018} = 15.32_{0}^{+0.018}$ mm 由于 $\delta_{凹} + \delta_{凸} = 0.018 + 0.011 = 0.029$,即 $\delta_{凹} + \delta_{凸} < Z_{max} - Z_{min}$,故计算结果满足间隙差的要求	$d_{凹} = 15.32_{0}^{+0.018}$ mm	$d_{凸} = 15.22_{-0.011}^{0}$ mm
拉深	$\phi 110_{-0.87}^{0}$	凸、凹模的制造公差按 IT9 级制造,查表得 $\delta_{凸} = \delta_{凹} = 0.087$ mm $D_{凹} = (D - 0.75\Delta)_{0}^{+\delta_{凹}} = (110 - 0.75 \times 0.87)_{0}^{+0.087} = 109.35_{0}^{+0.087}$ $D_{凸} = (D_{凹} - Z)_{-\delta_{凸}}^{0} = (109.35 - 2 \times 1.1 \times 1)_{-0.087}^{0}$ $\approx 107.15_{-0.087}^{0}$ mm	$D_{凹} = 109.36_{0}^{+0.087}$ mm	$D_{凸} = 107.15_{-0.087}^{0}$ mm

7. 弹性元件的设计计算

为了得到较平整的制件,此模具采用弹性卸料结构,使条料在落料、拉深过程中始终处于一个稳定的压力之下,从而改善了毛坯的变形稳定性,避免材料在切向应力作用下起皱的可能。落料卸料采用橡胶作为弹性元件。橡胶的自由高度依据工作行程的 3.5～4 倍进行调整,工作行程指实际工作行程与模具修磨量或调整量(4～6 mm)之和。橡胶的装配高度一般取自由高度的 0.85～0.9 倍后再调整。橡胶的截面面积,在模具装配时按模具空间大小确定。

三、落料、拉深、冲孔复合模结构设计

落料、拉深、冲孔复合模结构如图 4-41 所示。

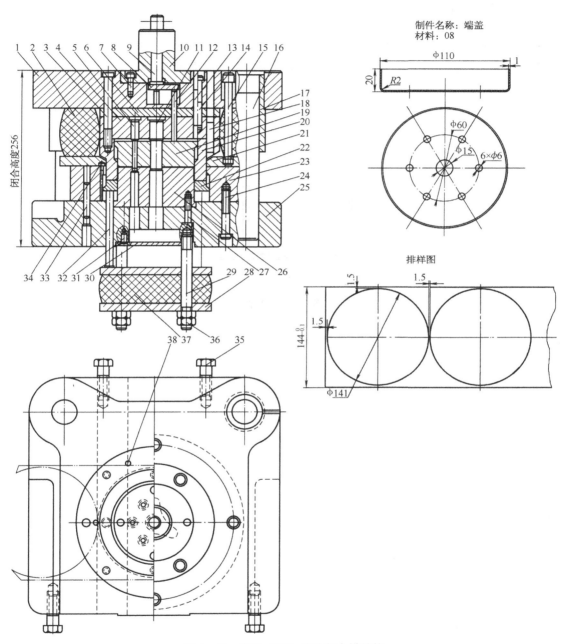

图 4-41 落料、拉深、冲孔复合模结构

1—上模座；2—卸料橡胶；3、7、14、24、27、31—螺钉；4—凸模固定板；5、11—冲孔凸模；6—垫板；8—打板；9—打件棒；10—模柄；12—上顶杆；13、18、33—销钉；15—卸料螺钉；16—导柱；17—导套；19—顶件板；20—落料拉深凸凹模；21—卸料板；22—压边圈；23—落料凹模；25—下模座；26—拉深冲孔凸凹模；28—橡胶托板；29—螺栓；30—托板；32—下顶杆；34—挡料销；35—起重螺钉；36—螺母；37—弹顶器橡胶；38—导料销

思考与练习

1. 筒形拉深件沿高度方向的硬度和壁厚是如何变化的?

2. 拉深工序中最易出现的问题有哪些? 如何防止?

3. 拉深件坯料尺寸的计算遵循什么原则?

4. 圆筒形制件总的拉深系数比极限拉深系数 m_1 小时,为什么要用二次或二次以上拉深才能够成形?

5. 如图 4-42 所示的罩壳,材料 08F,料厚 1 mm,试计算其坯料尺寸、拉深次数,以及各中间工序件的工序尺寸。

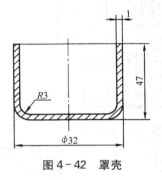

图 4-42　罩壳

6. 带凸缘筒形件为何在以后拉深中,凸缘直径不再变化?

7. 试述盒形件拉深特点。

第五章　成形模具设计及案例

成形工序是用各种不同性质的局部变形来改变毛坯(或由冲裁、弯曲、拉深等方法制得的半成品)的形状和尺寸的冲压工序总称。或者说除弯曲和拉深以外的、使板料产生塑性变形的其他冲压工序都可称为成形。它主要有翻边、起伏成形、校平、整形、缩口、胀形等几种。本章主要介绍翻边、校平、整形和起伏成形等成形工序的特点、成形工艺和模具设计的基本方法。

第一节　翻　　边

翻边是将毛坯或半成品的外边缘或孔边缘沿一定的曲线翻成竖立的边缘的冲压方法,如图 5-1 所示。当翻边的沿线是一条直线时,翻边变形就转变成为弯曲,所以也可以说弯曲是翻边的一种特殊形式。但弯曲时毛坯的变形仅局限于弯曲线的圆角部分,而翻边时毛坯的圆角部分和边缘部分都是变形区,所以翻边变形比弯曲变形复杂得多。用翻边方法可以加工形状较为复杂且有良好刚度的立体制件,能在冲

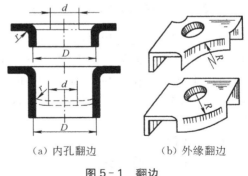

(a) 内孔翻边　　　(b) 外缘翻边

图 5-1　翻边

压件上制取与其他产品零件装配的部位,如机车车辆的客车中墙板翻边、客车脚蹬门压铁翻边、汽车外门板翻边、摩托车油箱翻孔、金属板小螺纹孔翻边等。翻边可以代替某些复杂制件的拉深工序,改善材料的塑性流动性以免破裂或起皱。代替先拉后切的方法制取无底制件,可减少加工次数,节省材料。

按竖边壁厚是否强制变薄,可分为变薄翻边和不变薄翻边。按翻边的毛坯及制件边缘的形状,可分为内孔翻边、平面外缘翻边和曲面翻边等。

一、内孔翻边

按孔的形状来分,内孔翻边有圆孔翻边和非圆孔翻边两种。

图 5-2 所示为圆孔翻边及其应力应变分布示意图,翻边前坯料孔径为 d,翻边变形区是内径为 d、外径为 D 的环形部分。当凸模下行时,d 不断扩大,凸模下面的材料向侧面转移,最后使平面环形变成竖边。对于圆孔翻边时的变形情况,可以采用网格法来观察网格在变形前后的变化情况以进行分析。由图中可以看出,其变形区在 d 和 D 之间的环形部分。在翻边后,变形区坐标网格由扇形变成矩形,说明变形区材料沿切向伸长,越靠近孔口伸长越大,接近于线性拉伸状态,是三向主应变中最大的主应变。同心圆之间的距离变化不明显,即其径向变形很小,径向尺寸略有减小;竖边的壁厚有所减薄,尤其在孔口处,减薄较为严重。图中所示的应力、应变状态反映了上述分析的这些变形特点。

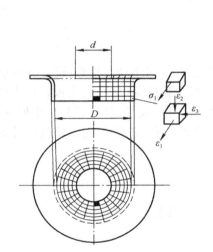

图 5-2　圆孔翻边变形区的应力与应变

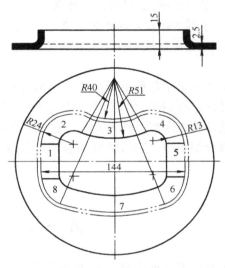

图 5-3　非圆孔翻边

对于非圆孔的内孔翻边,如图 5-3 所示,变形区沿翻边线的应力与应变分布是不均匀的。在翻边高度相同的情况下,曲率半径较小的部位,切向拉应力和切向伸长变形较大;而曲率半径较大的部位,切向拉应力和切向伸长变形较小。直线部位与弯曲变形相似,由于材料的连续性,曲线部分的变形将扩展到直线部位,使曲线部分的切向伸长变形得到一定程度的减轻。

1. 圆孔翻边

1)圆孔翻边的翻边系数　圆孔翻边的变形程度用翻边系数 K 表示,翻边系数为翻边前孔径 d 与翻边后孔径 D 的比值,其表达式为

$$K = \frac{d}{D} \tag{5-1}$$

显然,K 值越小,变形程度越大。翻边孔边缘不破裂所能达到的最小翻边变形程度为极限翻边系数,极限翻边系数用 K_{min} 表示。表 5-1 给出了低碳钢的一组极限翻边系数值。

表 5-1　低碳钢的圆孔极限翻边系数 K_{min}

凸模形式	孔的加工方式	孔的相对直径 d/t									
		100	50	35	20	15	10	8	5	3	1
球形凸模	钻孔	0.70	0.60	0.52	0.45	0.40	0.36	0.33	0.30	0.25	0.20
	冲孔	0.75	0.65	0.57	0.52	0.48	0.45	0.44	0.42	0.42	
平底凸模	钻孔	0.80	0.70	0.60	0.50	0.45	0.42	0.40	0.35	0.30	0.25
	冲孔	0.85	0.75	0.65	0.60	0.55	0.52	0.50	0.48	0.47	

注:采用表中 K_{min} 值时,实际翻边后口部边缘会出现小的裂纹,如果制件不允许开裂,则翻边系数需加大 10%～15%。

影响极限翻边系数的主要因素有:

(1) 材料的力学性能。材料的延伸率 δ、应变硬化指数 n 和各向异性系数 r 越大,极限翻边系数就越小,有利于翻边。

(2) 孔的加工方法。预制孔的加工方法决定了孔的边缘状况,孔的边缘无毛刺、撕裂、硬化层等缺陷时,极限翻边系数就越小,有利于翻边。目前,预制孔主要用冲孔或钻孔方法加工,表 5-1 中数据显示,钻孔比冲孔的 K_{min} 小。但采用冲孔方法生产效率高,冲孔会形成孔口表面的硬化层、毛刺、撕裂等缺陷,导致极限翻边系数变大。采取冲孔后进行热处理退火、修孔,或沿与冲孔方向相反的方向进行翻孔使毛刺位于翻孔内侧等方法,能获得较低的极限翻边系数。

(3) 孔的相对直径。如表 5-1 所示,翻边时孔径 d 和材料厚度 t 的比值 d/t(相对直径)越小,极限翻边系数越小,有利于翻边。即相对材料厚度大时,在断裂前材料的绝对伸长可以大些。

(4) 凸模的形状。如表 5-1 所示,球形凸模的极限翻边系数比平底凸模的小。此外,抛物面、锥形面和较大圆角半径凸模的极限翻边系数也比平底凸模小。因为在翻边变形时,球形或锥形凸模是凸模前端最先与预制孔口接触,在凹模口区产生的弯曲变形比平底凸模的小,更容易使孔口部产生塑性变形。所以翻边孔径 D 和材料厚度 t 相同时,可以翻边的预制孔径更小,因而极限翻边系数就越小。

2) 圆孔翻边的工艺设计　进行翻边工艺计算时(图 5-4),需要根据制件的尺寸 D 计算出预冲孔直径 d,并核算其翻边高度 H。当采用平板毛坯不能直接翻出所要求的高度 H 时,则应预先拉深,然后在此拉深件的底部冲孔,再进行翻边(图 5-5)。有时也可以进行多次翻边。由于翻边时材料主要是切向拉伸、厚度变薄,而径向变形不大,因此,在进行工艺计算时可以根据弯曲件中性层长度不变的原则近似地进行预冲孔径大小的计算。实践证明这种计算方法误差不大。现分别就平板毛坯翻边和拉深后翻边两种情况进行讨论。

(1) 当在平板毛坯上翻边时,其预冲孔直径 d 可以计算如下:

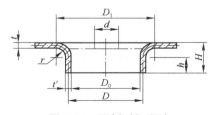

图 5-4　平板毛坯翻边

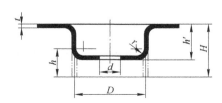

图 5-5　拉深件底部冲孔后翻边

$$d = D_1 - 2\left[\frac{\pi}{2}\left(r + \frac{t}{2}\right) + h\right] \tag{5-2}$$

因为 $D_1 = D + t + 2r$, $h = H - r - t$, 以此代入上式,并化简得

$$d = D - 2(H - 0.43r - 0.72t) \tag{5-3}$$

式中符号参考图 5-4。

由式(5-3)可以得到翻边高度 H 的表达式:

$$H = \frac{D - d}{2} + 0.43r + 0.72t \tag{5-4}$$

或

$$H = \frac{D}{2}\left(1 - \frac{d}{D}\right) + 0.43r + 0.72t = \frac{D}{2}(1 - K) + 0.43r + 0.72t$$

若将 $K_{\min}$ 代入上式,则可得到许可的最大翻边高度 $H_{\max}$:

$$H_{\max} = \frac{D}{2}(1 - K_{\min}) + 0.43r + 0.72t \tag{5-5}$$

当制件要求高度 $H > H_{\max}$ 时,就不能直接由平板毛坯翻边成形,这时可以采用先拉深,再在拉深底部冲孔翻边,如图 5-5 所示。

(2) 在拉深件底部冲孔翻边时,应先决定翻边所能达到的最大高度 h,然后根据翻边高度 h 及制件高度 H 来确定拉深高度 h'。由图 5-5 可知,翻边高度 h 为

$$h = \frac{D - d}{2} - \left(r + \frac{t}{2}\right) + \frac{\pi}{2}\left(r + \frac{t}{2}\right) \approx \frac{D}{2}(1 - K) + 0.57r \tag{5-6}$$

若以极限翻边系数 $K_{\min}$ 代入上式中的 K,即可求得其极限翻边高度 $h_{\max}$ 为

$$h_{\max} = \frac{D}{2}(1 - K_{\min}) + 0.57r \tag{5-7}$$

其预冲孔直径 d 应为

$$d = D + 1.14r - 2h \tag{5-8}$$

其拉深高度 h' 应为

$$h' = H - h + r + t \tag{5-9}$$

翻边时,竖边口部变薄现象较为严重。其近似厚度可按下式计算:

$$t' = t\sqrt{\frac{d}{D}} \tag{5-10}$$

3) 圆孔翻边力与压边力　在所有凸模形状中,圆柱形平底凸模翻边力最大,其计算公式为

$$F = 1.1\pi t(D - d)\sigma_s \tag{5-11}$$

式中,D 为翻边后直径(按中线计)(mm);d 为翻边预冲孔直径(mm);t 为材料厚度(mm);σ_s 为材料的屈服点(MPa)。

小贴士

曲面凸模的翻边力,可选用平底凸模的翻边力的 70%~80%。

由于翻边时压边圈下的坯料是不变形的,所以在一般情况下,其压边力比拉深时的压边力要大,压边力的计算可参照拉深压边力计算并取偏大值。当外缘宽度相对竖边直径较大时,所需的压边力较小,甚至可不需压边力。这一点刚好与拉深相反,拉深时外缘宽度相对拉深直径越大,越容易失稳起皱,所需压边力越大。

2. 非圆孔翻边

非圆孔翻边较圆孔翻边的极限翻边系数要小一些,其值可按下式近似计算:

$$K' = \frac{K\alpha}{180°} \tag{5-12}$$

式中,K 为圆孔翻边的极限翻边系数;α 为曲率部位中心角。

式(5-12)只适用于中心角 $\alpha \leqslant 180°$。当 $\alpha > 180°$ 或直边部分很短时,直边部分的影响已不明显,极限翻边系数的数值按圆孔翻边计算。

如图 5-3 所示的非圆孔翻边,从变形情况看,可以沿孔边分为 8 个线段。其中 2、4、6、7 和 8 属于圆孔翻边的变形性质;1 和 5 为直边,可看作简单弯曲;而圆弧段 3 则和拉深情况相似。非圆孔翻边时,要对最小圆角部分进行允许变形程度的核算。由于其相邻部分的作用,其许可的翻边系数 K' 比相应的圆孔翻边系数要小些。一般可取 $K' = (0.85 \sim 0.95)K$。

对于非圆孔翻边,可以根据各圆弧段的圆心角 α 大小,从表 5-2 中查得其极限翻边系数。实践证明:当圆心角 $\alpha = 180° \sim 360°$ 时,极限翻边系数变化不大。当圆心角 $\alpha = 0° \sim 180°$ 时,随着 α 的变小,极限翻边系数也减小。当 $\alpha = 0°$ 时,即为弯曲变形。

表 5-2　低碳钢非圆孔极限翻边系数

$\alpha(°)$	比值 d/t						
	50	33	20	12.5~8.3	6.6	5	3.3
180~360	0.8	0.6	0.52	0.5	0.48	0.46	0.45
165	0.73	0.55	0.48	0.46	0.44	0.42	0.41
150	0.67	0.5	0.43	0.42	0.4	0.38	0.375
135	0.6	0.45	0.39	0.38	0.36	0.35	0.34
120	0.53	0.4	0.35	0.33	0.32	0.31	0.3
105	0.47	0.35	0.30	0.29	0.28	0.27	0.26
90	0.4	0.3	0.26	0.25	0.24	0.23	0.25
75	0.33	0.25	0.22	0.21	0.2	0.19	0.185
60	0.27	0.2	0.17	0.17	0.16	0.15	0.145
45	0.2	0.15	0.13	0.13	0.12	0.12	0.11

$\alpha(°)$	比值 d/t						
	50	33	20	12.5～8.3	6.6	5	3.3
30	0.14	0.1	0.09	0.08	0.08	0.08	0.08
15	0.07	0.05	0.04	0.04	0.04	0.04	0.04
0	压弯变形						

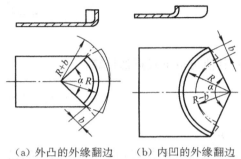

（a）外凸的外缘翻边　（b）内凹的外缘翻边

图 5-6　外缘翻边

二、外缘翻边

外缘翻边如图 5-6 所示。图（a）为外凸的外缘翻边，其变形情况近似于浅拉深，变形区主要为切向受压；在变形过程中，材料容易起皱。图（b）为内凹的外缘翻边，其变形特点近似于圆孔翻边，变形区主要为切向拉伸，边缘容易拉裂。

外缘翻边的变形程度可用下式表示：

外凸的外缘翻边变形程度

$$\varepsilon_p = \frac{b}{R+b} \tag{5-13}$$

内凹的外缘翻边变形程度

$$\varepsilon_d = \frac{b}{R-b} \tag{5-14}$$

内凹外缘翻边的极限变形程度主要受材料变形区外缘边开裂的限制，外凸外缘翻边的极限变形程度主要受材料变形区失稳起皱的限制。假如在相同翻边高度的情况下，曲率半径 R 越小，则 ε_d 和 ε_p 越大，变形区的切向应力和切向应变的绝对值越大；相反当 R 趋向于无穷大时，ε_d 和 ε_p 为零，此时变形区的切向应力和切向应变值为零，翻边变成弯曲。外缘翻边的极限变形程度见表 5-3。

表 5-3　外缘翻边允许的极限变形程度

材料		$\varepsilon_d(\%)$		$\varepsilon_p(\%)$	
		用橡胶成形	用模具成形	用橡胶成形	用模具成形
铝合金	1035 软	6	40	25	30
	1035 硬	3	12	5	8
	3A21 软	6	40	23	30
	3A21 硬	3	12	5	8
	5A02 软	6	35	20	25
	5A02 硬	3	12	5	8
	2A12 软	6	30	14	20
	2A12 硬	0.5	9	6	8
	2A11 软	4	30	14	20
	2A11 硬	0	0	5	6

续表

材料		$\varepsilon_d(\%)$		$\varepsilon_p(\%)$	
		用橡胶成形	用模具成形	用橡胶成形	用模具成形
黄铜	H62 软	8	45	30	40
	H62 半硬	4	16	10	14
	H68 软	8	55	35	45
	H68 半硬	4	16	10	14
钢	10	—	10	—	38
	20	—	10	—	22
	1Cr18Ni9 软	—	10	—	15
	1Cr18Ni9 硬	—	10	—	40

三、翻边模结构

图 5-7 是圆孔翻边模,采用倒装结构,使用大圆角圆柱形翻边凸模 7,制件预冲孔套在定位销 9 上定位,压边力由压力机及装于下模座下方的标准弹顶器提供,制件若留在上模,由打件棒推动顶件板推下。翻边模的结构与拉深模相似。

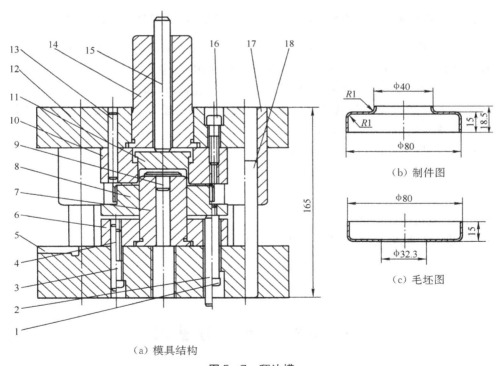

（a）模具结构

（b）制件图

（c）毛坯图

图 5-7 翻边模

1—限位钉;2—顶杆;3、16—内六角螺钉;4、13—销钉;5—下模板;6—下固定板;7—凸模;8—托料板;9—定位销;10—凹模;11—顶件板;12—上模板;14—模柄;15—打件棒;17—导套;18—导柱

四、翻边模工作部分结构参数确定

翻边模工作部分的结构参数可确定如下:凹模圆角半径一般对翻边成形影响不大,可取等于制件的圆角半径。凸模圆角半径应尽量取大些或做成抛物线形、球形(图 5-8),这样有利于翻边变形。内孔翻边凸模的形状和尺寸如图 5-8 和图 5-9 所示。

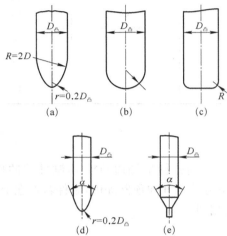

图 5-8　有预制孔的翻边凸模形状和尺寸

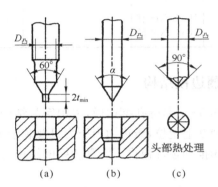

图 5-9　无预制孔的翻边凸模形状和尺寸

图 5-8 中,图(a)为抛物线形凸模,图(b)为球形凸模,图(c)为平底凸模 $R \geqslant 4t$,小孔翻边采用图(d)、图(e)形式,凸模端部进入预孔可起定位作用,其中 α 取 $50°\sim60°$。

无预制孔翻边时,凸模端部先将材料顶破,接着完成翻边,如用于薄板件小螺纹底孔。

图 5-9 中,凸模带凸肩形式(图 a),翻边后口部形状较规则。凹模带凸肩形式(图 b),翻边后竖边端部较为平齐。凸模端部呈刃口形(图 c)。

翻边凸模和凹模间的单边间隙

$$Z/2 = \frac{D_凹 - D_凸}{2} \qquad (5-15)$$

式中,$D_凹$ 为凹模直径;$D_凸$ 为凸模直径。

由于翻边后材料要变薄,所以一般可取单边间隙

$$Z/2 = 0.85t \qquad (5-16)$$

第二节　校平与整形

校平与整形属于修整性的成形工艺,大都是在冲裁、弯曲、拉深等冲压工序之后进行的,主要是为了把冲压件的不平度、圆角半径或某些形状尺寸修整到符合要求,这类工序关系到产品的质量及其稳定性,因而应用广泛。

校平和整形工序的特点是:

（1）变形量很小，通常是在局部地方成形以达到修整的目的，使冲件符合制件图样的要求。

（2）要求校平和整形后，冲件的误差比较小，因而模具的精度要求比较高。

（3）要求压力机的滑块到下止点时，对冲件要施加校正力，因此，所用设备要有一定的刚性。这类工序最好使用精压机，若用一般的机械压力机，则必须带有保护装置，以防损坏设备。

一、校平

把不平整的冲件放入模具内压平的成形工序称为校平，主要用于提高冲件的平面度。由于冲裁后制件产生弯曲，特别是无压料装置的级进模冲裁所得的制件更不平整，所以对于平直度要求比较高的制件便需要进行校平。

1. 校平模

根据板料的厚度和对表面的要求不同，可以采用光面模校平或齿形模校平两种。

对于薄料质软而且表面不允许有压痕的制件，一般应采用光面模校平，如图 5-10 所示。光面模对改变材料内应力状态的作用不大，仍有较大回弹，特别是对于高强度材料的制件校平效果较差。在实际生产中，有时将工序件背靠背地（弯曲方向相反）叠起来校平，能收到一定的效果。为了使校平不受压机滑块导向精度的影响，校平模最好采用浮动式结构。应用光面模进行校平时，由于回弹较大，校平效果比较差。

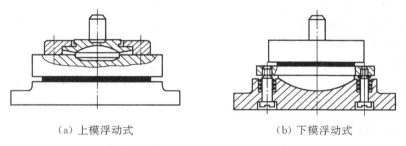

（a）上模浮动式　　　　　（b）下模浮动式

图 5-10　光面校平模

对于平直度要求比较高、材料比较厚的制件或者强度极限比较高的硬材料的制件，通常采用齿形校平模进行校平。齿形模有细齿和粗齿两种，上齿与下齿相互交错，如图 5-11 所示。

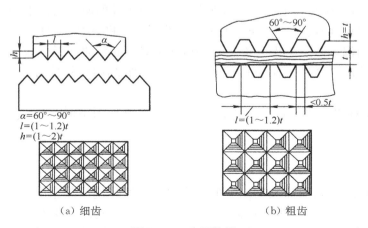

（a）细齿　　　　　（b）粗齿

图 5-11　齿面校平

用细齿校平模校平后,制件表面残留有细齿痕,适用于材料较厚且表面允许有压痕的制件。粗齿校平模适用于材料较薄以及铝、铜等有色金属,制件不允许有较深的压痕。齿形校平模使制件的校平面形成许多塑性变形的小网点,改变了制件原有应力状态,减少了回弹,校平效果较好。

2. 校平变形特点与校平力

校平的变形情况如图 5-12 所示。在校平模的作用下,坯料产生反向弯曲变形而被压平,并在压力机的滑块到达下止点时被强制压紧,使材料处于三向压应力状态。校平的工作行程不大,但压力很大。

校平力 F 可用下式估算:

$$F = pA \tag{5-17}$$

式中,p 为单位面积上的校平压力(MPa),见表 5-4;A 为校平面积(mm²)。

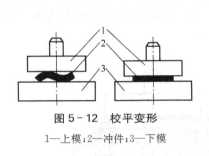

图 5-12　校平变形

1—上模;2—冲件;3—下模

表 5-4　校平与整形单位压力

方法	p(MPa)
光面校平模校平	50～80
细齿校平模校平	80～120
粗齿校平模校平	100～150
敞开形冲压件校平	50～100
拉深件减小圆角及对底面、侧面整形	150～200

3. 校平方式及设备

校平方式有多种,如模具校平、手工校平和在专门设备上校平等。模具校平多在摩擦压力机上进行;厚料校平多在精压机或摩擦压力机上进行;大批量生产中,板件还可成叠地在液压机上校平,此时压力稳定并可长时间保持;当校平与拉深、弯曲等工序复合时,可采用曲轴或双动压力机,这时需在模具或设备上安置保险装置,以防材料厚度的波动而损坏设备;对于不大的平板件或带料校正还可采用滚轮碾平。当制件的两个面都不许有压痕或校平面积较大,而对其平面度有较高要求时,可采用加热校平。将成叠的制件用夹具压平,然后整体入炉加热,坯料温度升高使其屈服强度下降,压平时反向弯曲变形引起的内应力也随之下降,从而回弹大为减少,保证了较高的校平精度。至于加热温度,铝件为 300～320 ℃,黄铜件为 400～450 ℃。

总之,根据坯料的厚度、平面度要求、工序安排等可采用不同的校平方式、模具以及设备等。

二、整形

整形一般用于弯曲、拉深或其他成形工序之后。经过这些工序的加工,制件已基本成形,但可能圆角半径还太大,或某些形状和尺寸还没有达到制件的要求。整形模和前工序所用的模具大体相似,只是对工作部分的精度要求更高,表面粗糙度要求更低,圆角半径和凸、凹模之间的间隙更小。

由于各种冲件的几何形状、精度以及整形内容不同，所用的整形方法也有所不同。

1. 弯曲件整形

弯曲件的整形方法主要有压校和镦校两种。

1）压校　图 5-13 所示压校中由于材料沿长度方向无约束，整形区的变形特点与该区弯曲时相似，材料内部应力状态的性质变化不大，因而整形效果一般。压校 V 形件时，应使两个侧面的水平分力大致平衡和压应力分布大致均匀，如图 5-14 所示。这对两侧面积对称的弯曲件是容易做到的，否则应注意合理布置弯曲件在模具中的位置。压校 U 形件时，若单纯整形圆角，应采用两次压校，每次只压一个圆角，才有较好的整形效果。压校特别适用于折弯件和对称弯曲件的整形。

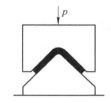

图 5-13　弯曲件压校

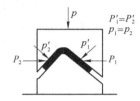

图 5-14　V 形件的布置

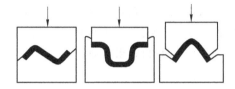

图 5-15　弯曲件的镦校

2）镦校　图 5-15 所示镦校前的冲件长度尺寸应稍大于模具零件的长度，这样变形时长度方向的材料在补入变形区的同时，仍然受到极大的压应力作用而产生微量的压缩变形，从而在本质上改变了材料内原有的应力状态，使之处于三向压应力状态中，厚度上压应力分布也较均匀，因而整形效果好。但此法的应用常受制件形状的限制。一般对带大孔和宽度不等的弯曲件都不用此法，否则造成孔形和宽度不一致的变形。

2. 拉深件整形

如果拉深件凸缘平面、底面平面、侧壁曲面等未达到具体形状要求，或者对于圆筒形拉深件筒壁与筒底的圆角半径 $r_1 < t$，或筒壁与凸缘的圆角半径 $r_2 < 2t$，对于盒形件，若壁间的圆角半径 $r_3 < 3t$，则应进行整形才能达到冲件要求。

图 5-16 为拉深件的整形。拉深件上整形的部位不同，所采用的整形方法也不同。

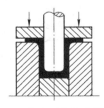

（a）高度不变的整形

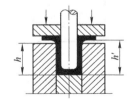

（b）高度减小的整形

图 5-16　拉深件整形

1）拉深件筒壁整形　对于直壁拉深件的整形，一般采用负间隙拉深整形法，整形模凸、凹模间隙 $Z = (0.9 \sim 0.95)t$，整形时直壁稍有变薄。经常把整形工序和最后一道拉深工序相结合，这时拉深系数应取得大些。

2）拉深件圆角整形　圆角包括凸缘根部和底部的圆角。如果凸缘直径大于筒部直径

2～2.5倍时,整形中圆角区及其邻近区两向受拉、厚度变薄,以此实现圆角整形。此时,材料内部产生的拉应力均匀,圆角区变形相当于变形不大的胀形,所以整形效果好且稳定。圆角区材料的伸长量以2%～5%为宜,过小,拉应力状态不足且不均匀;过大,又可能发生破裂。若圆角区变形伸长量超过上述值,整形前冲件的高度会稍微大于模具零件的高度(图5-16b),以补充材料的流动不足,防止圆角区胀形过大而破裂。冲件的高度也不能过大,否则因冲件面积大于或等于模具零件面积,使圆角区不产生胀形变形,整形效果不好。更甚者因材料过剩,在筒壁等非整形区形成较大的压应力,使冲件表面失稳起皱,反使质量恶化。如果凸缘直径小于2～2.5倍的筒部直径,整形圆角时凸缘可产生微量收缩,以缓解因圆角变化过大而产生的过分伸长,因而整形前冲件的高度尺寸应等于模具零件的高度尺寸。拉深件的凸缘平面和底部的整平,主要是利用模具的校平作用。当拉深件的筒壁、圆角、凸缘平面和底部同时整形时,应从冲件的高度和表面积上进行控制,使整形各部分都处于相适应的应力状态,否则筒壁和圆角区的几何参数和应力状态稍有变化,都会使凸缘和底部的平面发生翘曲,特别是凸缘平面更为敏感。如果将各部分整形分开,则要增加工序,整形的综合效果不太好,但整平的效果较好。

第三节 起伏成形

起伏成形是依靠材料的局部拉伸,使毛坯或制件的形状改变而形成局部的下凹或凸起的冲压工序。它实质上是一种局部胀形的冲压工艺。

根据制件的要求,起伏成形可以压出各种形状。生产中常用的有压加强筋、压字或压花、压包等,如图5-17所示。经过起伏成形后的制件,由于压加强筋后制件惯性矩的改变和材料加工硬化的作用,能够有效地提高制件的刚度和强度。

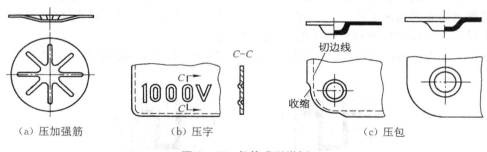

(a) 压加强筋　　　　　(b) 压字　　　　　(c) 压包

图5-17　起伏成形举例

在起伏成形中,由于材料主要是承受拉应力,对于一般塑性差的材料或变形过大时,则可能产生裂纹。对于一般比较简单的起伏成形制件,如图5-18所示,可近似地根据下式确定其极限变形程度:

$$\delta_n = \frac{l - l_0}{l_0} < (0.7 \sim 0.75)\delta \tag{5-18}$$

式中,δ_n为起伏成形时极限变形程度;δ为材料的伸长率;l_0、l分别为制件变形前后的长度

（图 5-18）。系数 0.7～0.75 视起伏成形的形状而定,弧形加强筋可取较大值,梯形加强筋要取较小值。

如果计算结果符合上述条件,则可一次成形。否则,应先压制弧形过渡形状,然后再压出制件所需形状。

表 5-5 列出了加强筋的形状和尺寸,以及加强筋间距和加强筋与制件边缘之间距离的数值。当起伏成形的加强筋与边缘的距离小于 $(3～3.5)t$ 时,由于成形过程中边缘材料要往内收缩,成形后需要增加切边工序,因此,应预先留出切边余量。

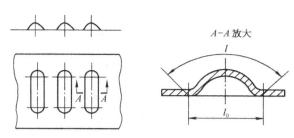

图 5-18　起伏成形前后材料的长度

表 5-5　加强筋的形状和尺寸

图例	R	h	D 或 B	r	α(°)
	$(3～4)t$	$(2～3)t$	$(7～10)t$	$(1～2)t$	
	—	$(1.5～2)t$	$\geqslant 3h$	$(0.5～1.5)t$	15～30

图例	D(mm)	L(mm)	l(mm)
	6.5	10	6
	8.5	13	7.5
	10.5	15	9
	13	18	11
	15	22	13
	18	26	16
	24	34	20
	31	44	26
	36	51	30
	43	60	35
	48	68	40
	55	78	45

第四节　成形模具设计典型案例

机电产品钣金结构件上,用沉头螺钉孔进行连接较为广泛,常用结构形式见图 5-19。

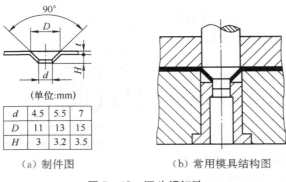

（a）制件图 （b）常用模具结构图

图 5-19 沉头螺钉孔

（单位:mm）

d	4.5	5.5	7
D	11	13	15
H	3	3.2	3.5

一、冲压工艺分析

图 5-19a 列出了钣金结构件中沉头螺钉孔及常用参数尺寸系列。生产中常用模具结构如图 5-19b 所示。该结构可一次完成冲孔、翻边工序,其中冲孔凹模为镶拼结构,便于刃口刃磨。采用图 5-19b 的模具结构时,其冲压成形过程如图 5-20 所示。凸模下行时,凸模 3压板料向下凹陷预成形(图 5-20a);凸模继续下压,板料上的凹陷逐渐加深,在凸模两刃口处,将预冲孔的废料从板料上撕裂下来(图 5-20b);凸模继续下行时,锥形面起到翻边作用,到压力机下止点时,完成 90°锥形面的内孔翻边(图 5-20c)。

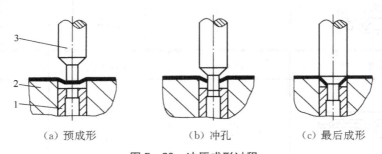

（a）预成形 （b）冲孔 （c）最后成形

图 5-20 冲压成形过程

1—冲孔凹模;2—成形凹模;3—凸模

在实际生产中,大多采用图 5-19b 所示模具结构。当产品设计有多个沉头螺钉孔时,一般采取在一副模具中,同时设置数量相同的单孔冲孔翻边模具,以保证空位的一致性。

使用图 5-19b 模具结构冲制沉头螺钉孔时,易在孔边缘出现破裂或裂纹。其原因如下:

（1）从图 5-20 的成形过程图示中可以看出,孔的冲制不是在凸模和凹模间的冲切而成,而是凸模刃口从板料凹陷处撕裂下来的,因而孔的断面质量很差,毛刺多为拉断毛刺,对后续的翻边不利。

（2）冲孔是沿冲压方向自上而下撕裂成的(图 5-20b),孔的断裂面和拉断毛刺都在孔的外边缘,而孔的光亮带则在孔的内边缘。翻边的方向也是自上而下的,因此加剧了翻边时孔边缘破裂和裂纹的产生。通常会有 80% 以上的孔边有这种现象,影响了产品的使用功能。

二、成形工艺改进

图 5-21a 所示为改进后的冲孔、翻边模具结构。凸凹模 5 在上模,冲孔凸模 1 和聚氨酯

橡胶2在下模。上模下行时,卸料板4首先压住板料,凸凹模5和冲孔凸模1完成预制孔的冲裁,如图5-21b所示;上模继续下行,凸凹模5和聚氨酯橡胶2完成沉头窝的翻边成形,如图5-21c所示。

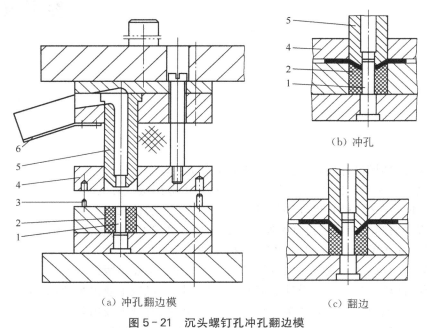

（a）冲孔翻边模　　　　　　　　　　（c）翻边

图5-21　沉头螺钉孔冲孔翻边模
1—冲孔凸模;2—聚氨酯橡胶;3—挡料定位销;4—卸料板;5—凸凹模;6—接废料槽

具体改进措施如下:

（1）冲孔是由凸模1和凸凹模5在平板料上直接冲裁成的,断面质量较好,冲孔毛刺可以控制在允许范围内,不会出现因孔撕裂而出现的断面缺陷。

（2）冲孔时凹模在上,冲孔断面的断裂带和毛刺均在凹模,即在板料的上方;而翻边凸模（即凸凹模5的外形）在上模,翻边是自上而下进行的,冲孔毛刺和断面断裂带在翻边外缘,对防止翻边时出现破裂或裂纹是有利的。

（3）翻边是在凸凹模5和聚氨酯橡胶2之间完成。由于聚氨酯橡胶的作用,在翻边成形的全过程中,变形材料始终处于压应力状态中,可以提高材料的变形能力,增加制件的可塑性,预防制件翻边破裂或出现裂纹。

基于以上三点,改进后的结构使沉头螺钉孔的成形质量大为改善。

❀❀ 思考与练习 ❀❀

1. 影响极限翻边系数的主要因素有哪些?

2. 哪些制件需要整形?

3. 起伏成形的作用有哪些?

4. 如何确定起伏成形的极限变形程度?

参考文献

References

［1］ 丁松聚. 冷冲模设计［M］. 北京：机械工业出版社，2001.

［2］ 于位灵，等. 实用冷冲模设计［M］. 北京：机械工业出版社，2011.

［3］ 成虹. 冲压工艺与模具设计［M］. 北京：高等教育出版社，2006.

［4］ 高鸿庭，刘建超. 冷冲模设计及制造［M］. 北京：机械工业出版社，2001.

［5］ 王孝培. 冲压手册［M］. 2 版. 北京：机械工业出版社，2000.

［6］ 李学峰. 模具设计与制造实训教程［M］. 北京：化学工业出版社，2004.

［7］ 薛啟翔. 冲压工艺与模具设计实例分析［M］. 北京：机械工业出版社，2008.

［8］ 薛啟翔. 冲压模具设计制造难点与窍门［M］. 北京：机械工业出版社，2003.

［9］ 潘祖聪，王桂英. 冷冲压工艺与模具设计［M］. 上海：上海科学技术出版社，2011.

［10］冯炳尧，王南根，等. 模具设计与制造简明手册［M］. 4 版. 上海：上海科学技术出版社，2015.

［11］陈炎嗣. 多工位级进模设计与制造［M］. 北京：机械工业出版社，2006.